U0059848

中國誠信報告

當一個國家的**信用體系**
面臨**崩解**時，
這個國家
就等於面臨**滅亡**……

誠信天下

●崔曉黎

經歷了長達15年馬拉松式的談判，中國終於在2001年底正式加入了世界貿易組織。這是中國參與全球經濟競爭的新紀元。世界貿易組織總幹事穆爾在熱情歡迎中國成為世貿組織新成員的同時，提出了真誠的告誡：中國加入世貿組織後，從長遠看，缺的不是資金、技術和人才，而是誠信或者說是信用，以及建立信用體系的機制。

穆爾的忠告，一語點中了制約我國社會經濟發展和進步的軟肋，點中了我們能否緊緊抓住21世紀頭二十年重要戰略機遇期的薄弱環節。

近年來，在我國經濟和社會生活中，失信現象如瘟疫般到處流行，兇狠而又暴戾，從假煙、假酒、假文憑，到假賬目、假評估、假簽證、假報告；從普通人惡意消費透支，到一些官員言行不一政績注水；從股市造假，到會計師事務所等仲介機構「蛇鼠同穴」；從「三角債」滾雪球般越滾越大，到少數地方政府出爾反爾對投資者「宰肥羊」；從為人師表的教授剽竊他人的著作，到足球場上的「狗吹黑哨滿天飛」……

老百姓們不無痛苦地發現，自己生活的大大小小的圈子裡充滿著

欺詐、偽造、造假等不誠實的行為。的確，大到產業財經的「基金黑幕」、「銀廣廈騙局」、「東方電子造假」等，小到百姓民生的山西假酒、河南毒米、廣東瘦肉精事件以及南京冠生園的「陳餡月餅」，多少人的辛苦錢不翼而飛，多少人被騙得傾家蕩產，一系列的失信事件不僅讓人觸目驚心，而且讓老百姓對社會充滿了「整體信用危機」感。假冒偽劣產品橫行和缺少信用保證已產生了惡劣的社會影響，「誠信的缺失」已經嚴重阻礙了消費和投資行為。有專家分析認為，由於我國市場交易缺乏信用體制，每年國民生產總值的10%到20%是無效成本，直接和間接經濟損失每年高達5855億元。

失信行為並非出自今天，古代也不乏其例。西周末年，周幽王為博褒姒一笑，烽火戲諸侯，拿國家的信譽當兒戲，西周亡。西元前356年，秦孝公六年，秦國商鞅變法，「立木為信」，一市井小民，只舉手之勞得賞重金，然誠信立，變法得以推行，國興。古云：國之大事，惟祀與戎。祀者，國託命於天取信於民。取信於民，或失信於民，關乎國運天命，史之通鑑。就個人來講，同理。小學課本中有一篇流傳很廣的課文，題目是《狼來了》。文中所講的放羊娃不誠實，故意戲弄村民，喊狼來了。結果村民幾次被騙，當狼真的來了，村民再也不信了。這則類似「伊索寓言」式的故事，內容簡單但寓意深刻。正所謂「人無信不立」。在中國，誠信是一個哲學概念，即天人合一的世界觀。其涵蓋範圍遠遠超出了倫理道德的範圍。誠信、信

仰、信譽，其意有專，實本一也。從字形看，誠信兩字均從言，從人，從口，謂之誠信託於人言。《說文解字》對此兩字互釋，即誠者信也，信者誠也，兩字相通，實為一意。

人之言於天於地，可謂輕，但於規、於理、於德、於道，則可謂「惟此惟大」。大者止於天，觀於海。誠信之大如海之茫茫，其涯幾不可及；誠信是一本「經」，是一條首尾不見的大河，滔滔東去，逝者如斯，其途幾不可尋。建國以來直到今天，老百姓常說一句話：共產黨不會不管我們。意思是說不論碰到多大的災難，老百姓總會有飯吃。這句話今天的年輕人可能會覺得索然無味，更何談「意味深長」？但在那個慘遭百年蹂躪後的年代，餓殍遍野，民無蓋藏，他們乞求有一碗「厚粥」，有一件寒衣，有一簷擋雨，有一席裹屍，面對如此慘烈國破家亡的局面，人民能說出這句話，其語重如泰山，其聲聞達於天。這是天大的信任，這是在向一個新政權「託命」。

新中國風風雨雨半個多世紀，國家有過太多的輝煌，但也有過不少這樣那樣的失誤，甚至是很大的錯誤，但老百姓始終堅信共產黨不會餓死人，遇到大災大難政府會管我們。這話太樸素了一點，但真正的大道理往往就蘊涵在其中。中國哲學講：大音無聲，大道無形。老百姓的這句話就是「大道」。這也正是新中國雖然多災多難但始終不敗，不斷走向興盛的根本原因。

1952年2月10日，有兩位為共和國的創立立有大功的高級幹部，

劉青山、張子善因貪污受賄,走上刑場。這是新中國開國後因腐敗而發的第一大案。當時不是沒有人陳情力保刀下留人,但毛澤東堅決不為所動,因為民意難違,天理不容。這是一種承諾,是新中國的第一次「祭天」。共和國歷史上有過三年「大饑荒」。毛澤東三不吃:不吃肉、不吃魚、不吃蛋,以示與民共渡難關。中國之大,何愁一人之口。但那不是幾斤肉的問題,那是領袖與人民之間的一種誠信。

　　1960年冬,河南省信陽地區,一月之間非正常死亡逾百萬。國家糧倉近在咫尺,但無一例農民開倉搶糧的事情發生。民之赤誠兮惟有痛哭,信也。

　　一位老領導幹部曾回憶一件難忘的往事,三年困難時期,在一次國務院的會議上,一個領導建議總理是否可以考慮增加一點農業稅。周總理當時提高嗓門毫不猶豫地說:請記錄在案,我活著當總理的時候你們不要打農民的主意,我死了以後你們也不要打農民的主意。這是共和國總理在兌現政府對農民的承諾。其背景是,解放之初,我黨制定了在農村實行休養生息的政策,該政策周總理在一次會議上正式宣佈過,後由於抗美援朝戰爭的爆發,這一政策推遲。1958年在人代會上正式把農業稅率定為15.5%。之後,由於我國農村經濟長期發展緩慢,農業稅的實物量實際再沒有增加。到1978年,農業稅縮減到只有3%左右。周總理對農民沒有食言,直到他走,始終沒有打過農民的主意,因為:誠信是不能談判的。

8

人民的好幹部，好兒子焦裕祿臨終遺言：死後埋在沙丘。他要親眼看到蘭考老百姓的生活好起來，他要實現自己任職縣委書記時的承諾。「沙丘」，那是蘭考老百姓心中的「神壇」。

1978年8月14日，新華社報導，一機部部長周子健，帶領全國機械工業學大慶會議的代表和部機關幹部數千人，到通縣張家灣「背」回了不合格的拖拉機，並賠償了這個公社的損失。這件事在今天看來也許會被有些人認為是小題大做，或者是為了製造熱點新聞。部長在國際社會被認為是國家內閣成員，這位周部長能對一台不合格的拖拉機承擔責任，這是一種公僕的誠信。這種誠信，我們要做「禮拜」。

1979年11月25日，發生渤海2號石油鑽井平臺翻沈重大事故，造成72人死亡。事後中央對所有事故責任人進行了處分，觸犯刑律的送交到司法機關依法處理。其中最引國人議論的是，時任國務院副總理的康世恩受到記大過的處分。康世恩的大名當時幾乎無人不曉，他是我國大慶油田的開創者和功臣之一。大慶油田的開發成功，對於共和國來說，其意義絕不亞於「兩彈一星」。康世恩受處分，對於當時的黨中央來講，無疑是「揮淚斬馬謖」。古云：軍中無戲言，同樣執政也無戲言，因為那是鐵一樣的「公信」。

誠信在中國的傳統文化中，核心是指社會運行中，政府與老百姓必須要遵循的行為規範。古人謂之「大道」。對於中國來講，誠信滑坡如果發展下去的話，其後果是致命性的。中國是一個有著悠久文明

歷史的國家，重誠守信，歷來都是中華民族的傳統。中國有充分的自信把這一優良傳統一代一代傳承下去。中國誠信走過了歷史，走進了現代，還要走向未來。誠信是社會的，同時也是每一個人的。

中國改革開放已近四分之一世紀，光陰似箭一代人矣。25年中國經濟發展之快，變化之大，令國人大有滄海桑田之感。20年前國人還分不清外國的高速公路與北京的長安街有什麼區別；20年後的今天，中國的高速公路通車里程已位居世界第二。10年前，國人對移動通信還很生疏，手機還只是少數高級白領的「專用」設備，10年後的今天，中國移動電話客戶用量已位居世界第一，城裡擺地攤的小販也是滿口的「摩托羅拉」、「諾基亞」。1958年大躍進時期全民大煉鋼鐵，目標是1070萬噸鋼，超過英國。此舉幾乎把中國的國民經濟拖垮。45年後的今天，中國的鋼產量已超過1.8億噸，已連續7年位居世界第一。

農業、工業、服務業，已經有太多的世界第一。如果以世界第一的數量來評比「吉尼斯」的話，中國奪魁，勢在必得。中國用了整整一百多年的時間，積幾代人之努力，才砸開了「閉關鎖國」的大鎖，徐徐推開了通往現代化的大門。中國走向了世界，這是一個光怪陸離的世界，但絕不是天堂。這是一條不得不過的大河，而且它絕不是風平浪靜的。眼前的路蜿蜒曲折充滿荊棘。「路漫漫其修遠兮，吾將上下而求索」，這話好多人不懂，用老百姓的話說就是，「摸著石頭過

河」。還是魯迅先生說得對，「地上本沒有路，走得人多了也便成了路」。但國人沒有想到，這走向世界的取經之路，也要過九九八十一難，一路上也要降妖除怪。世界給中國送了一把鮮花，又給中國當頭潑了一盆冷水——越來越多的看不懂，越來越多的為什麼。這一課，不能不上。

中國誠信報告

第一章
誠信之殤

上市公司做假帳、各種年報中數位摻水、董事長動不動就跑，諸多中國股市中的欺騙、虛假浮誇現象，帶來的就是中國股市的長期「腎虛」……

中國企業壞帳率為5％到10％，是美國企業壞帳率的20倍；中國企業逾期帳款平均時間為90多天，而美國企業只有7天……

從物力上，《英雄》首先動用了安檢門，這種在重大演出、會議中才用的警備工具用在看電影的觀眾身上恐怕還是首次……

電腦軟件、音像製品、圖書期刊的盜版防不勝防，這已幾乎成為當代中國一大民族特色……

萬史
會上系
會上再度
火腿选料特別
的腌制、加工方法
老老少少无人不知
放以来引进现代企业的

　　不久前的一天，安徽亳州同時掛出兩個「亳州市打假辦公室」的牌子。一個牌子掛在很不起眼的辦公樓上，除非走近才能看得出穿制服的辦公人員出出進進；另一塊牌則掛在一座三層小樓外，「安徽省打假辦公室」、「亳州打假籌備小組」兩塊牌子赫然豎立。這裡保安把守，戒備森嚴，400平方米的辦公區域，花草點綴，設施齊全，隊長室、科長室、會計室、秘書處等部門一應俱全，很熱鬧。不久，後面這個打假辦公室面向社會招聘工作人員，條件頗高，要求報名者具備「大專學歷，法律專業畢業，報名費2000元」。甭管是哪個打假辦公室，總歸都是政府衙門的鐵飯碗，招聘簡章一貼出來，應聘者交費填表絡繹不絕。可是報了名之後，這事兒卻沒有了下文，怎麼回事兒？2000塊錢報名費不是小數，有人坐不住報了案，公安局一摸底，這三層小樓的「打假辦」原來竟是當地幾個農民弄出來的一個「假」字號，幾個人惦記發財，把腦子動到了打假辦公室頭上。警察去查抄的時候，好幾個警察直犯嘀咕，「安徽省亳州打假籌備小組」公章鋼印、安徽省代收代罰行政收據、工作證、上崗證，蓋著大印的「亳州市打假辦」封條，帶「亳州打假辦」字樣的公文紙、自己炮製的「安徽省亳州打假籌備組001號」文件，還有樓道裡高懸「為人民服務」的標語，就是真的打假辦也未必有這個規模氣勢。這樣的「假機關」居然也能開辦，居然還像模像樣跑到高速公路上幾次去查假，他們曾經在高速公路上攔截了一輛運載化妝品的汽車，非說車上的化妝品是假貨，一罰罰了人家一萬多塊錢。案發後公安人員一查，化妝品是真的，

「打假辦」才是冒牌。

　　「打假辦」比眞的還眞，而當地眞的打假辦卻沒見怎麼轟轟烈烈。若非招聘圈錢引來東窗事發，照這麼發展下去，「打假辦」不知是否能把眞的打假辦取代了？

　　類似安徽冒牌的打假辦在全國各地都不少。在東北，大街小巷賣的紅塔山香菸，盒子上寫的產地是「雲霄縣」。紅塔山不是雲南產的嗎，怎麼變成「雲霄縣」呢？搞打假的人都知道，雲霄縣其實是著名假菸製造地，湖南、福建很多地方也造假紅塔山，但論質量，屬雲霄縣最好。東北賣菸的販子都拿白色翻蓋紅塔山，雲南的眞貨得賣七十塊錢一條，雲霄縣的紅塔山口感不錯質量也好，才二三十塊錢一條，他們進菸現在只進這個，抽菸的人也最認這個，甚至指名就要「雲霄」紅塔山。假紅塔山市場被清查掃蕩了無數次，總是風頭過去後照賣不誤，眞正的紅塔山卻在市場上銷聲匿跡，偶爾能在大商店看到就算不錯。矮子裡拔將軍，假的就是眞的，眞的靠邊成了次品。

　　李鬼登堂入室，李逵黯然失色，這些現象的出現充分說明一個問題——李鬼已經「站」起來了！某些地方的誠信狀況，已經到了是非顛倒的地步。

　　以假代眞的現象，是當前誠信缺失的一個非常嚴峻而淺表的

現象。

衣食住行，柴米油鹽，看似普通的老百姓生活，如今想辨清真假日趨不易。真的東西少而又少，假的東西實在太多，注水豬肉、假菸假酒，三天就張嘴的假皮鞋，城裡人得防假手機假電池，農民得防假種子假農藥；注水牛肉，盜版圖書，假幣假表假文物，連各種學歷、榮譽、技能證書也難保都是真貨。想避免上當受騙，就得學富五車，火眼金睛，一鼻子聞得出是真「五糧液」還是工業酒精勾兌的，一眼就看得穿是鉑金水鑽還是人工寶石毛玻璃，萬一不能識破這些假冒偽劣，你上當受騙就是咎由自取，活該倒楣。

附骨之蛆

2003年末，中國葡萄酒業波瀾迭起，「解百納」商標所有權的紛爭，牽涉到國內長城、張裕等多家酒業大腕。1931年，山東張裕葡萄酒公司調製出一種新的紅葡萄酒，當時兼任「張裕」經理的中國銀行行長徐望之先生，取「攜海納百川」之意，將這種葡萄酒命名為「解百納干紅」。張裕公司早在20世紀30年代便向當時的商標局正式註冊了「解百納」商標。新中國成立後，張裕公司分別於1959年、新《商標法》頒佈後的1985年和1992年將「解百納」商標向國家商標局申請註冊，但並未得到正式批准。今時今日的葡萄酒市場已遠遠不是30年代的舊局面，市場上出現了大量的冠之以「解百納」的葡萄酒，各種「解百納」目不暇接。2003年末，

「張裕」再翻舊案，希望「解百納」擺脫黑戶口局面，國內最大的葡萄酒商標糾紛拉開帷幕，這其中還包括著長城、王朝等葡萄酒業巨頭，聯合向國家工商總局反對「張裕」註冊「解百納」商標。[1]

注1 參考《中國葡萄酒出現最大糾紛：解百納是品牌還是品種？》2003年11月14日，《中國工業報》。

品牌就是商標，而品種則不同，這和「雙蒸酒」、「三花酒」一樣，工藝和品種是不可能註冊為商標的，誰也不能享有「品種」的獨家所有權。截至2003年12月，這場葡萄酒官司還未結案，姑且不論「張裕」或其他廠家孰是孰非，站在高處多看看整個葡萄酒市場吧，我國做葡萄酒生意的大廠小廠幾乎都有自己的「解百納」，其最低價位是10元一瓶，而張裕「解百納」干紅售價則高達六七十元一瓶。有的「解百納」尚能保持甘醇口味，更多的便宜貨則毫無口感，有的就差紅墨水兌白糖充當葡萄酒賣了。這種魚龍混雜、泥沙俱下的無序競爭局面，不但對「解百納」保持中高檔葡萄酒品牌構成極大威脅，更重要的是，整個葡萄酒市場都因此難以擺脫低級局面。法國、美國等外國高檔葡萄酒業為何遲遲不願加盟中國市場？有位法國葡萄酒廠商說：中國目前的市場我們沒有打算推廣，中國人對葡萄酒的鑑賞能力還差得很遠，真假都不能區分。一位葡萄酒業資深專家認為，「解百納」干紅實際已成為中國中高檔葡萄酒的代名詞，在葡萄酒業中佔據舉足輕重地位，且利潤頗為豐

厚，如此肥肉，眾葡萄酒巨頭自然不甘其旁落他人。*2*

　　注2《行業內認定解百納並非品牌，葡萄酒品種沒有解百納品系》，2003年11月13日，《消費日報》。

　　20世紀90年代，世界科學界誕生了一個對世界產生深遠影響的新生名詞——克隆。用通俗的語言解釋，克隆就是利用細胞分裂前後基因完全相同的特性，將一個細胞化為完全相同的兩個細胞，推而廣之，一個生物變成兩個基因完全相同的生物。理論上講，如果成功使用了克隆技術，人們可以從實驗室裡做出完全相同的兩隻動物，兩條小蟲，甚至兩個柯林頓，兩個比爾蓋茲。在我國，我們的市場上也流行著很強的一股「克隆」之風。葡萄酒也好，五糧液也好，但凡一個商標品牌、一種成功的發明創造，大大小小的克隆仿造產品就會緊隨其後，蜂擁而上，你做我也做，你賣我也賣，克隆出的產品泛濫市場，誰也沒有火眼金睛，誰也難分是真是假？直到質量低劣叫消費者徹底寒心，真貨假貨一同被市場淘汰、消失。

　　克隆、仿造，類似真偽難辨的事情叫人想起《西遊記》中的一些情節：悟空隨唐僧西天取經途中，身邊蹦出個假悟空，假悟空道行甚高，把真悟空的一言一行舉手投足模仿得惟妙惟肖，旁人難分彼此。唐僧看看這個悟空，分明是自己的徒兒；看看那一個，分明也是，不知如何是好，念緊箍咒也難辨真假；二人找菩薩辨真假，觀音菩薩也看二人都像是自己苦心扶植的那個悟空，愛莫能

助。來到地藏菩薩殿，菩薩有一神物喚作地聽，能辨世間萬物，可是地聽伏耳貼地聽完之後卻竟然不敢當面說出真假。這場官司一直打到如來佛那裡，才分出了真假孫悟空。《西遊記》裡的真美猴王為了打敗假冒自己的妖精，從天上到地上，從龍王那裡再到菩薩面前，好不精彩，好不熱鬧。而現實生活中的美猴王對著克隆的美猴王們卻一點都樂不起來。

實驗室裡的克隆技術尚未完全成熟，造假者的克隆技術已經爐火純青。侵權造假早就步入「升級換代」階段：一些企業別有用心的將他人知名商標登記註冊為自己的企業字型大小，然後到香港註冊登記公司，再設計與知名商標相近似的商標圖案在內地註冊，拉大旗，做虎皮，挖空心思「傍名牌」。並將其侵權產產品堂而皇之地推入全國各地各種規模的商場、展銷會場。而且，「傍名牌」的克隆現象正呈現「兩廣」趨勢，即侵權領域廣，已經涵蓋了絕大多數國際知名品牌和部分國內知名品牌；侵權地域廣，在內地絕大部分省市都已出現。於是乎，在我國，無論是國內的品牌，還是境外的品牌，只要市場上暢銷，後面往往就跟著這樣一串如附骨之蛆的「假兄弟」。

類似這種一勺蜜引來一窩蜂的現象，市場上屢見不鮮，特別是一些國外名牌產品，如老人頭、夢特嬌、華倫天奴、鱷魚等服裝品牌，只要來到中國，它們的「兄弟姐妹」轉眼就出來攀親了。這些克隆產品乍一看根本和正品別無二致，「老人頭」像的皺紋兩道還是三道，鱷魚的嘴朝左還是朝右，夢特嬌的花瓣有幾瓣，細枝末

節上方現端倪，三道皺紋的「老人頭」是義大利工匠手工縫製的，兩道皺紋的「老人頭」可指不定是河南、河北哪個村裡用下腳料做的。有人給這種克隆熱作了首打油詩：

> 小蜜傍大款，小廠傍名牌，
>
> 「卡丹」到處有，「狐狸」滿山走。
>
> 「老爺」被偷車，「鱷魚」全國游。

假名牌們由於產品質量問題徹底失信於市場、失信於人民是遲早的事情，可假美猴王被推上斷頭臺，真美猴王跟著陪綁——這種損失誰賠得起，誰輸得起？

賴帳有理

「信任是長期支撐資本市場的基礎，這不光是靠股票就可以解決的。」聯想集團執行董事、高級副總裁兼CEO馬雪徵女士曾在一次會議上發表這樣的看法，詮釋「聯想」對股市的概念：「『聯想』一貫堅持的行事原則就是透明，利好、利空消息都告訴大家，在歷次採取大動作之前都通過非常規範的方式廣泛徵求中小股東的意見，說一次可能他們不信，但事實每一次印證，他們對你的信心就會逐漸增加。」

上市公司做假帳、各種年報中數位摻水、董事長動不動就

跑，諸多中國股市中的欺騙、虛假浮誇現象，帶來的就是中國股市的長期「腎虛」。2003年末，新疆啤酒花股份有限公司對外發佈公告，其董事長艾克拉木·艾沙由夫失蹤，身後留下十餘億未披露的擔保黑洞。此前3個月，中共江西上饒市原市委書記余小平自縊，上饒春來集團董事長黃春發出逃；再往前數，誠成文化董事長劉波、ST南華董事長何竟棠、健特國際集團董事長兼總經理李海峰……近年來，類似版本的老總出逃事件層出不窮，扔下一堆財務問題後「人間蒸發」。 投資者的利益一再被侵害，傾囊投資的一支股票，不知什麼時候就會因為弄虛作假問題或其他非正常因素而跌落穀底，中國證券市場的亞健康狀態使得投資者無論大小，均存在嚴重的不信任感。

簡單翻閱這些「出逃」董事長們的身份背景即可看出，這些人出逃前所經營的企業均為私營企業、上市公司。與「啤酒花」相似的是，這些上市公司董事長「人間蒸發」後，其所屬的上市公司總會暴露種種財務問題。企業圖生存、求發展，在初期利用生產、製造獲得的利潤不能滿足需求後，必然需要更快捷的資本聚斂手段，以便邁出更大的腳步發展，企業單純依靠生產衣帽服飾能掙多少錢？如果有幾千萬的資金，投資多種領域，又能有多大的發展？企業對資金的需求，除向銀行尋求貸款支援外，股票上市是最有效的融資辦法。上市融資所帶來的短期收益是巨大的，融資金額往往一夜之間就能百萬千萬，有些董事長大老闆諳熟國內上市公司管理方面的漏洞，就在這筆錢上打起了主意，早早做好撤退的準備，一

方面抓緊時間籌劃股票上市，一方面暗自辦理移民、出國或者偷渡手續，並在國外銀行開好帳戶，只待股票上市的東風吹至，捲起鋪蓋就跑，這種從開始就心懷歹意想撈一票的情況，在外國也是常見的。另一些人則是出現了經營管理的問題，想把公司做大，但投資過程中不慎陷入泥淖，眼見走出困境無望，便三十六計，走為上策。

各個國家的軍隊都有這樣一條軍規：凡棄陣而逃者軍法問斬。在海上，商貨輪船如果遭遇海難，任何人都可以逃生，惟船長要督導眾人疏散後與船同歸於盡。《泰坦尼克號》中那段纏綿悱惻的愛情故事是電影杜撰的，而船長史密斯與巨輪共沈海底卻是歷史的真實故事。董事長選擇出逃，背信於股民、背信於員工，背信於支援企業成長發展的政府。

有人說，是「問題環境」、「問題政府」、「問題制度」共同推著「問題董事長」走上出逃道路。這種思路無異於寫了錯字怪鋼筆，丟了戒指賴手指頭，僅僅歸咎於外因顯然是不夠的。出逃，逃離的是無法承受的呆帳爛帳，更是做人的誠信之本。誰不曾在路上跌倒過，關鍵是選擇爬起來，還是賴在地上，這不但是對和自己命運息息相關的企業員工、持股股東的誠信問題，也是對自我人格和尊嚴的誠信問題。今日稱霸IT產業的聯想集團，其創始人柳傳志坦言自己曾賴過帳；中國優秀的軟件企業東軟集團董事長劉積仁曾檢討向客戶賣過沒用的軟件；同樣受人尊重的劉永好，也懺悔自己的部下以次充好。1 人非聖賢，孰能無過？柳傳志、劉積仁、劉永

好們的坦誠，不僅沒有影響他們在人們心目中的形象，反倒映托出他們坦誠的光輝。成功者之所以爲人敬重，重要的是他們的坦白和誠懇。

「財產的巨人、道德的侏儒」，這是一位評論家對出逃董事長們的評價。

注1姜波《缺乏誠信的中國企業家群體》，2003年10月《財經》雜誌。

楊白勞翻身記

漫天風雪一片白，躲債七天回家來，
地主逼債似虎狼，滿腔仇恨我牢記在心頭。

《白毛女》裡的佃戶楊白勞欠了地主黃世仁的高利貸，除夕之夜，黃世仁強迫楊白勞賣女頂債，逼得楊白勞喝鹵水自殺。舊社會，欠債不還錢的人，經常被債主逼上絕路。

而如今，我們的生活中卻存在這樣的現象，欠債的比債主還有理，欠債的能把債主逼上絕路。欠債的成了大爺，你聽：

漫天風雪一片黃，討債七天我心惶惶，

欠債的個個似虎狼，要債的姓孫，欠債的姓王。

2002年，中國企業家調查系統就中國企業信用方面存在的問題，組織了一場大型調查活動，並發表了《2002年中國企業經營者成長與發展專題調查報告》。如下是其中一項調查結果：

企業信用存在的主要問題%	總體	地區			企業規模		企業類型	
		東部	中部	西部	大型	中小型	國有	非國有
拖欠貸款、貨款、稅款	76.2	75.7	76.2	77.4	75.7	76.5	77.8	75.6
違約	63.2	63.5	63.0	62.8	65.2	62.5	63.4	63.1
製售假冒偽劣產品	42.4	42.3	41.2	43.9	40.7	42.9	41.6	42.7
披露虛假信息	27.3	27.0	27.5	27.8	34.0	25.3	27.0	27.4
質量欺詐	23.5	24.0	23.2	22.8	22.6	23.9	24.1	23.2
商標侵權、專利技術侵權	13.3	16.0	9.7	11.1	13.8	13.3	10.9	14.4
價格欺詐	11.1	11.0	11.6	10.6	10.2	11.4	11.2	10.9
其他	1.0	1.3	0.5	0.9	0.6	1.1	0.9	1.1

長達萬字的調查結果報告中有這樣一段話：「不少企業經營者認為我國企業的信用狀況開始有所好轉，但還存在很多不容忽視的問題，尤其是拖欠（貨款、貸款、稅款）、違約和製售假冒偽劣

產品等現象較為嚴重；企業經營者認為產生這些問題的主要原因是有關部門執法不嚴、部分企業經營者職業道德、素質不高和企業普遍追求短期行為等原因造成的；企業經營者希望加快體制改革步伐，提高企業和全社會的信用意識，建立並完善企業和個人的信用信息系統，加強信用制度建設，從而形成良好的社會主義市場經濟秩序。」

「拖欠貸款、貨款、稅款」──欠債問題榮登企業信用問題榜首並非偶然。債務人按照約定到期還債務，這本是天經地義的事。如果碰上債務人故意不償還債務的，債權人可以依法到人民法院起訴。在發達國家的信用評價體系中，負債金額與企業資本的比率是一個重要標準，負債金額與企業資本的比率越低，說明企業履行合約的能力越強，反之亦然。「負債經營」的概念東渡到中國，變了個味道，變成了不負債就幹不成大事。

中國工商銀行總行城市金融研究所所長詹向陽，不久前曾經就企業負債經營等國家經濟領域記憶體在的一些信用問題接受記者採訪。談及「債務」，詹所長語重心長：

逃避銀行債務，三角債，拖欠他人或單位的貨款，欠債不還等不講信用的行為到處都是，而且成為一種常規，似乎不這麼做就吃虧了。這種不講信用的行為造成的結果不僅是銀行債權人受損失，而且它打亂了中國的市場經濟秩序，打擊了投資者投資熱情，抑制了信用經濟和市場經濟的發展。

1998年以後。我國實行擴大內資，實行積極財政政策，按照經濟學來說應該是積極擴張政策。實行這個政策以後大家普遍感覺銀行不願意放貸款，無論是企業還是個人，和銀行打交道的群體似乎都有這種感覺，都認為銀行放貸款非常謹慎、非常小心，這是什麼原因造成的？大家同樣也都知道，國有銀行經過幾十年的積累，已經有了相當大的不良資產，以工商銀行為例，經營利潤85％都用來沖銷不良貸款造成的損失。不良貸款造成的原因是多方面的，其中一個很重要的原因，就是我們過去對信用制度法律保障缺失，使借款人的行為非常隨意，最終導致銀行貸款欲收回這種權利，維護自己債權卻得不到法律的支援、保障。這個原因當然不是惟一也不是最主要的，但是一個重要原因。

銀行和企業之間，企業是客戶，是上帝，相互之間是魚和水相互依存的關係。但是大家也知道銀行的錢是從哪裡來的，是從存款人手裡來的，是老百姓給的，我們是替全社會的老百姓和儲戶代理這個錢，替老百姓把這個錢用出去然後付給老百姓存款利息，這就決定了銀行貸款有一個最根本的前提，就是一定要按期歸還，並且一定要付利息。但是由於中國信用制度的這種缺失，中國的企、事業單位和個人都把信用當成一種可以遵守，也可以不遵守的東西，改革開放後20年，大量的企業用種種惡意的方法來逃避債務，而國家、政府沒有任何制裁的手段，也沒有對這種行為大張旗鼓，哪怕是道義上的譴責。厚著臉皮賴帳就能落下利益且又沒有嚴格法律約束，這個空子顯然不鑽白不鑽。

　　東北某省，三年中破產企業賴掉的銀行債務占到總債務百分之九十九點幾。銀行在企業破產清算當中債務的東西幾乎為零，企業成長、企業生產、企業創造利潤的時候都是銀行貸款支撐的，當企業過不下去的時候，就把銀行的債賴掉，以獲得重生。這種行為居然被其他一些地方政府認為是一種很成功很成功的例子，成群結隊到東北這個省去取經。怎麼樣才能把銀行的債務給賴掉，怎麼樣才能通過逃廢債來解救企業，這已成為中國企業轉制的一個很可怕的經驗。

　　這一點，不能不歸咎於國家信用制度缺乏基本的法律保證，法律對於不講信用的行為沒有任何的規範和懲戒，這是最最重要的原因。

　　中國最缺乏的是對信用的保障制度——法律保障制度。我們的信用從來都是局限在道德範圍之內，而沒有強制的法律約束，這是中國目前現有信用制度的最大缺陷。這個缺陷在理論討論的時候看不出它有多麼強烈，但是一到實踐中，這種缺陷就顯得非常有力量，造成非常嚴重的後果。從道理上講，市場經濟是什麼？就是信用經濟。信用制度毫無疑義應當是基礎，一切交易的基礎，沒有信用就沒有市場經濟，沒有信用就根本不可能有任何交易。誠如詹向陽所長所言：

　　社會和經濟已經為不講信用的這樣一種弊端和頑症付出了慘重的代價，首先是90年代中後期，人們都在譴責銀行惜貸，

自從1993年開始治理整頓，特別是1997年以擴大內需為主，實行積極擴張財政政策以後，社會上的主流派都在譴責銀行惜貸，我今天姑且不論是否惜貸，這是需要另外談的問題，但是我們老老實實地講銀行已經被企業和個人的逃債搞怕了，銀行不敢大膽放貸的原因很多，怕借款人隨意逃避貸款是重要的原因之一，因為和這種逃債行為做鬥爭的只有銀行自己，只有它孤軍作戰，而沒有任何政府和社會的保障，沒有法律的保障。

信用制度的不健全也嚴重阻礙了信用的創新，為了擴大內需，為了促進消費增長，國家近年來採取了一系列政策，其中金融政策的改革措施就是敦促銀行發展消費性貸款。消費性貸款在政府利好政策之下，的確有所增長，但是客觀現實仍擺在我們面前：中國現有的信用制度不健全，在企業和個人基本沒有徵信制度，特別是個人沒有徵信，哪家銀行也不敢放手去搞消費信貸。消費貸款幾年來的情況是，貸款額上升，違約率也逐步上升，而且上升很快，無法保障的客戶信譽和信用，已經成為阻礙消費信貸發展最主要的原因。

據瞭解，人民銀行在2002年已經完成了中國企業和個人信用管理條例的制度，國務院準備作為二級法頒佈，相信頒佈後會對中國的信用制度建設有一個很大的推進。第二個建議，建立企業和個人的徵信制度，這裡有一個問題，徵信制度由社會哪一個體來承擔，政府、銀行還是稅收？現在有很多的呼籲，認為應該先從銀行做起，認為銀行是現在對於個人徵信資料掌握最多的單位，我們認為不是這樣，我們認為首先應該從政府做起，政府要建立徵信制度和徵信機構，從銀行建立我們認為

目前來講是中國現實中一種無奈的選擇，是其他都沒有，就銀行有一點。就以我們工商銀行來講，工商銀行是中國最大的銀行，它擁有最多的客戶，它有近百萬的公司法人客戶，它有四個億的儲戶，這四億儲戶對於我們13億人民來講還是少數，一百萬企業對於我們的上千萬的企業來講也還是少數，首先它不掌握全部的情況，另外它掌握的也是非常有限。

在各種機制不健全的情況下，一方面應當儘快建立起一套完善的制度。另一方面，加大失信懲戒機制也必不可少。自古以來，中國人欠債還錢全憑個人良心，基本不受法律約束，只受到道義上的譴責，充其量只會被別人指責為人品差、德行不好而已，而我們現在所急需的是有效的法律懲戒，可以執行的懲罰條款。市場經濟條件，信用是一切交易的基礎，信用問題的懲戒機制應當作為市場強制性執行的基本約束法規，而不是道德規範。在新加坡，政府為了切實改善城市環境衛生，對隨地亂吐口香糖者予以重罰，甚至使用鞭刑。或許動用刑具有些過於嚴酷，但事實是不可忽視的，新加坡作為亞洲「四小龍」之一，城市衛生狀況之好，不但走在亞洲前列，在全世界範圍內也屈指可數。

中國企業壞帳率為5%到10%，是美國企業壞帳率的20倍；中國企業逾期帳款平均時間為90多天，而美國企業只有7天。道德層面上的約束，很多是「防君子不防小人」的。如果沒有法律懲戒的大棒，賴債一千萬只罰一百萬，賴債仍然能夠帶來巨大的經濟效益，賴債變成一種社會風氣就是早晚的事。沒有完善的法律約束和失信懲罰機制，不僅打擊國內的投資者，而且打

擊整個國際上對中國市場的投資熱情。環境保護講求「可持續發展」，市場經濟的發展同樣需要「可持續發展」，法律約束和失信懲罰這兩手都硬起來，中國經濟可持續發展的道路才能夠一馬平川。

2002年9月，「中國安達信」——爲銀廣廈造假的深圳最大的會計師事務所中天勤被財政部吊銷執業資格。2003年末，100家會計師事務所聯合簽署了一項《誠信宣言》，向客戶作出保證，承諾不做假帳，並且將「不遺餘力地學習和借鑑先進的國際經驗」。

目前，包括浙江、上海、廣東在內的許多省市已經建立起了網絡信貸系統。誠實守法的公司名單與那些進行黑幕交易的公司同時被刊登在網站上，供消費者以及銀行、信用等級評估機構等作參考。位於廣東省東部的汕頭信用網站，將2.7萬家值得發放信貸的公司名單公佈於眾，同時對216家當地企業的商業欺詐行爲進行了曝光。

企業的失信行爲，既是市場經濟所難以容忍的道德錯誤，也是需要懲罰的違法行爲。

市場離不開交易，而交易離不開貨幣。商品交易是貨幣交易，也是誠信的交易；所謂交易，即商品所有權的轉讓，亦即信用的轉讓。因此，一件衣服的價格爲50元錢，也就是說：它的質量和數量可以換算成50元，它裡面包含的勞動價格等於50元，它體現的信用等於50元。買主用50元購買一件衣服，等於同時購買了

信用；賣主出售衣服，也等於同時出售了信用。在這裡有形物與無形物，即商品和信用，具有同等價值。「誠信」通過市場交易，物化了「自我」的價值——此所謂信用有價。

正如商品的價格不總是與其價值一致，而總是圍繞著價值變動一樣，信用的價格也是如此。我們可以看到，信用有時「很值錢」、甚至價值連城，某人一句話、一張名片、一個簽名、一個公章、一個招牌往往能帶來幾百萬幾千萬的經濟效益；而為融資騙取股市資金的某些垃圾股票、為追求高額利潤而使用劣質材料加工成的偽劣產品等，其間蘊含的信用則一錢不值。

企業雇主之所以也要講誠信，講信用，是因為他要進行生產、銷售產品、賺取利潤。如果他不講信用，隨意撕毀合同，工人可能就不願意來此打工，消費者可能就對企業的產品「望而卻步」。信用之所以在市場經濟中受到重視，不是因為別的，而是因為它具有使用價值。短時期內，也許恪守信用帶來的是一些眼前利益的損失，而長線觀察，笑到最後，賺得最多的，絕對是那些信用至上的企業，這也就是大眾汽車、美國保潔、日本索尼經過多年的商戰廝殺仍笑傲泰山之頂的深層原因，這也就是人們常說市場經濟要講信用，或者說市場經濟就是信用經濟的深層原因。

荷蘭ING財團負責人亞歷山大‧卡恩認為：沒有道德觀念，我們就是在與災難打交道；有了道德觀念，我們就可以在國際市場立足。前GE首席執行官傑克先生也談到：任何一家想在當今激烈的市場競爭中取勝的企業都必須面對「誠信」二字。對企業來說，有

了誠信，就可以給人以信任感、親近感，從而贏得顧客，贏得市場，贏得信譽，進而贏得效益，提升其競爭力 。也只有誠信，能夠使這種競爭力始終保持活力。

在當前的市場經濟大環境下，僅僅停留在道德領域談誠信是遠遠不夠的。誠信必須涉及經濟領域，讓誠實守信的觀念深入經濟生活。而誠信之於經濟，就是市場交易中一種買賣雙方必須恪守的遊戲規則。信用是中性的，既不姓資也不姓社，西方國家這些因信用缺失給國民經濟帶來損失的慘痛教訓，同樣應當警示我們。

託：騙你沒商量

表演是一門藝術，精於表演的各行業演藝工作者，有的成了歌星，有的成了影星，有的成了京劇表演藝術家，最近還新興起一門行為藝術，成就了一批行為藝術家。成名成家的這些「星星」們全都精於表演。生活中同樣也有這樣精於表演的人，他們就不是這個「家」那個「家」了，人們對這類人有另外的名稱——「託」。

外國人把表演叫「show」，中國人稟承拿來主義的方針傳統，將這個英文單詞漢化成了「秀」，當成時髦的詞來用：電影秀、時裝秀，其實說的都是表演。「託」之於表演，一如糞坑之於豪華洗手間，屬於最低層次的表演、一門走了歪路的表演。婚介所裡有「婚託」，買房子有「房託」，買車有「車託」，就醫有「醫託」，混

跡於生活中不同領域的「託」們，逼真地扮演著徵婚者、買房者、尋醫問藥者。「婚託」跟婚姻仲介所勾結，假裝大齡青年，跟徵婚者約會見面，然後一甩了之，以騙到徵婚者支付給婚姻仲介所的一份份見面費。「藥託」和藥店勾結，蹲守在各大醫院附近，假裝大病初愈，和病人聊天、溝通，傳授經驗，介紹自己吃了某某藥片、某某口服液恢復了健康，然後「熱情洋溢」地將病患和家屬帶到藥店購買這種假「神」藥。「學託」利用中、高考後，落榜考生的急迫心理，自稱能通過社會關係找到某某領導，將不夠錄取分數線的考生弄進重點學校，開口就向家長索取少則三萬多則十萬的報酬。牟取人們的信任，惦記的卻是人們口袋裡的錢包，「託」就好比魚餌，讓不明內情者上鉤。他們用誘騙的方式來達到自己的目的——謀取金錢利益。有利在就有「託」在，如今的「託」已經融入到各行各業中，儼然一個三百六十行之外的朝陽行業。

　　生活中幾乎所有方面都在用「託」成事，看似演戲，實則欺騙。這些騙子們精於表演，尤擅自我包裝，他們都會給自己取個好聽的名字：「婚託」不叫「婚託」，叫「婚姻仲介」；「房託」不叫「房託」，叫「房產諮詢評估」、「房屋仲介」……北京牛街有個趙大爺，家裡空出幾間房，在房屋仲介公司掛牌出租。按照趙大爺家與房屋仲介簽訂的合同，承租者每月將房租交給仲介公司，仲介公司轉付趙大爺一家，租金為1200元。仲介很快給趙大爺的房子找到了租戶，承租者履行合同，一直按月付給仲介房租，可三個月過去，房租卻一分沒有落到趙大爺手裡。趙大爺跑到仲介公司要

錢，人還是那幫人，房子也還是那間房子，可公司裡的人非說，趙大爺是與甲諮詢公司簽訂的委託房屋租賃合同，而他們現在的公司叫做乙了，兩個公司沒有任何關係。這不是矇人嗎！被房屋仲介坑慘了的趙大爺一怒之下，帶著兩歲的小孫女，拿著必備的日常生活用品，住進房屋仲介公司，不討回3600元房租不撤退。兩位老人年過花甲，懷抱著牙都沒長齊的外孫女端坐公司，祖孫三口的生活用品等攤放在廳內，而公司職工似乎熟視無睹，對著前臺的電腦各忙各的。這就是「房託」的嘴臉。

「託」並非新生辭彙，原本其實是舊社會的江湖黑話。早年間每逢過年過節，廟會和集市上都有打拳、練武的，耍幾下三腳貓功夫作幌子，兜售自己的假膏藥，為吸引買主，總會找個同夥假扮買主當場掏錢買藥，然後對藥效讚不絕口，圍觀者不明真相，也就紛紛跟著買，結果上當受騙。這種勾結串通的行為那時候叫「蔽黏子」，而假扮成買主的助手就是「託」。跟「託」談誠實守信，還不如跟牛侃侃空想社會主義。

1986年流行黃裙子，1999年流行鬆糕鞋，紅茶菌、戴蛤蟆鏡、穿喇叭褲，甩手療法、倒著走，中國人的從眾心理有悠久歷史淵源，由來已久，託們就充分利用人的這種從眾心理，騙你沒商量。

老百姓不相信託了，很多企業為求得信譽標牌，便紛紛進行信用評估。在西方，信用評估是一項市場經濟運轉核心評估專案，通過對企業本身的交易信用、返還貸款等方面的測量評估，可以得

到一個加權平均數，這個數位便是企業的信用度。國外通行的信用證制度，正是建立在雙方信用評估指數基礎上，甲乙雙方進行交易，不用見面打交道，只要看看你的信用評估高不高，就能對你有個大概瞭解，通過銀行信用證進行商業貿易，大大便利商業運作的效率和安全。而在我國，這種信用評估一進口到本土，便似乎串了味兒。

　　搞信用評估的人自己就缺乏信用，這是我國信用評估機構中逐漸浮上水面的一個「怪現狀」。近年來興起的大量信用仲介服務機構中，一些評估機構因為大量的失信事件而頻繁遭到媒體和公眾的質疑。全國打著評估旗號的大大小小公司多如牛毛，各類諮詢機構業務員遊說企業出錢辦證，你給我掏錢，我給你辦證。由於這些評估機構違法操作，頒發的證書不具備法律效力，大量被評估企業不僅「財證兩失」，還嚴重影響企業自身聲譽。據不完全統計，僅目前公佈的廣東省6家違規評估機構，就禍及省內企業達1500家。

　　一些企業做虛假宣傳，不但有自我標榜的溢美之詞，還夾雜著各種專家和政府官員的喝彩聲。一些技術專家們，明知企業宣傳虛假，卻也昧著良心參與捧場，一個紅包一桌酒席就被收買了，說違心話，作昧良心的鑑定報告，增加了這些企業的誤導力度。少數政府官員明知企業的宣傳有假、資料有假、產品有假，卻也依企業之邀，輕易肯定。這些專家和官員們本應清楚自己的社會責任，卻甘願給虛假浮誇當「託」，吶喊助威。

　　中央紀委收到的檢舉信中，涉及科技方面的，三分之二都是

揭發評審專家的學術信用問題。各個領域內的專家們，其一言往往九鼎，專家言論的信用管理難題日益凸顯。一些企業別有用心地在科研鑑定上下功夫，利用重金，或者人情關係，要麼請來本領域內有名聲沒有真功夫的「假專家」，要不本來是做中藥鑑定，卻請來西藥專家，就是希望你不懂。小車接、小車送，看一下材料，聽一下騙人的報告，再公款吃喝一通，每人再塞幾個紅包美其名曰「鑑定費」，哄得這些專家們找不著北，打著飽嗝起草一份鑑定書，「很好的很有經濟效益的科研成果」——專家鑑定至此炮製成功。

還有些鑑定不是某某專家認可，而是用更唬人的旗號：「某某學會推薦產品」、「通過某某學會科學鑑定」……科技日益備受推崇，這樣的廣告宣傳也如雨後春筍般出現在大眾媒體上。可又有誰知道「學會」這個神聖的名字是不是盜用的呢？專家多，學會多，僅中國科技協會一家就有兩百多個一級學會掛靠。這個專家、那個學者，這個學會，那個學術委員會，學術組織有義務普及科學知識，包括向公眾介紹先進的技術，但如果不加限制，就可能走上唯利是圖的道路，打著某某科學學會的旗號到處作鑑定，「專家」二字成了掙錢金飯碗。這類所謂的學術機構和專家們，以醫藥領域為最多，國家相關廣告法規雖對此進行過專門的界定規範，禁止專家和機構在相關廣告內出現，但始終未能徹底根除這種現象。

幾年前，科技界曾經有起中國生化學會「核酸風波」鬧得沸沸揚揚，一位參加過核酸聽證會的院士雖未在會上發言，會後卻被商家供上媒體當作招牌菜；另一位學會下屬專業委員會的負責人不

但以學會負責人名義在報紙上發表介紹核酸營養的文章，甚至還以學會名義召開了核酸研討會。幾位專家引起了科技界有關學術道德的大討論，最後，中國生化學會被迫出臺了一個很無奈的規定——學者不得爲商家當「託兒」：「會員不能以學會名義表示意見或公開發表論文。學會在廣大人民群眾中有很高的信譽，以學會或專業委員會成員的名義發表意見，有可能被誤認爲是學界一致的看法，因而在社會上產生不良的導向……」[1]

注1《生命的化學》，2001年21卷，第3期。

誠信有「盜」

「我眞恨不得拿美國導彈來炸那幫孫子。」——這話說著透著憤怒，說者正是面對盛行的盜版、氣急敗壞的馮小剛。

導演馮小剛，近年來一波接一波的「賀歲片」使他成了家喻戶曉的人物。《甲方乙方》火了，《不見不散》火了，《沒完沒了》火了，《大腕》火了，2003年最新的作品《手機》第一輪公映票房即達到5000萬，馮導又火了，再一次賺了個盆滿缽滿。所謂「槍打出頭鳥」，盜版商的槍口專揀這些名導演的作品下手，盜版碟商看準的是賣座電影，盜版書商看準的是叫座新書，馮導2003年著書《我把青春獻給你》，也不幸遭到大面積盜版，4月初剛剛伴著春風，得意首發，盜版書就跟風而至，也迅速充斥市場——北

京、山東、湖北、河南及東三省，盜印版本多達六七種。四月底，國家版權局針對此書下發《關於查繳盜版圖書『我把青春獻給你』

的通知》，上有政策，下有對策，儘管此通知下發的可謂及時，但時至今日，各地圖書市場上不同封面的「假」馮小剛還是穩坐泰山。

馮小剛的新作《手機》斥資200萬用於打擊盜版，200萬鉅款也只撐出了電影公映一周時間內無盜版的短短7天。7天後，各種版本《手機》還是上市熱銷，且勢頭強勁。馮導的《手機》一舉拿下2003年度票房亞軍，冠軍則是年初更大的大腕導演——張藝謀的作品《英雄》。說到《英雄》，有關盜版的話題更多，該片於

2002年10月率先在深圳公映7天，據說公映時引來全世界盜版商的注意，所有著名的世界各地盜版商都雲集到深圳各大飯店，不拿到盜版決不罷休。在國外，一部電影公映時，製片人應該是端著盛滿紅酒的高腳杯在公寓等著票房好消息的時候，而在國內，電影進了電影院，製片人也得蹲守在電影院，嚴加督查，謹防有人偷偷攝錄回去加工成盜版碟。《英雄》一片的監製兼製片人張偉平，在影片在深圳公映的7天裡始終不敢怠慢，從頭蹲守到尾，押送拷貝、監察放映廳環境，大有和盜版商搞「圍剿與反圍剿」的氣勢。敵人在暗處，片商在明處，總結《英雄》防盜版成功經驗時，這位製片人語氣彷若剛拿下一場艱苦戰役：

　　我們每天晚上運《英雄》拷貝時都謹慎小心，而且就連拷貝都是分三撥人護送。即便如此，還是有三個晚上被人跟蹤，情況十分危急，就連工作人員都出了一身冷汗，後來還動用了保安護送。
　　《英雄》在深圳放映的7天，讓世界所有的盜版商飛了過來。他們動用了一切手段希望拿到《英雄》的盜版，而在電影放映期間，就連放映廳的天花板都被人在夜裡悄悄地給挪開了，我們分析是晚上從別的廳看完電影就沒走，一直到晚上2點以後才行動的，因為我們每天的檢查工作要到2點才能結束。從發現天花板被挪那天起我們就又多了一處密切監察的地方，每天派專人到上面看有沒有人偷拍。有一次有個人進男洗手間後就再也沒有出來，我們派人到處搜索，甚至跑到天花板上查

第一章　誠信之殤

43

看，也沒找到，緊張了半天，後來才知道原來洗手間還有一個旁門，人家是從那個門出去了。

從物力上，《英雄》首先動用了安檢門，這種在重大演出、會議中才用的警備工具用在看電影的觀眾身上恐怕還是首次。為了避免不必要的麻煩，我們首先對觀眾貼出了公告，所有可能成為攝影器材的物品全部留在影院外面，而觀眾也十分配合，所有的人都十分支援我們的這次防盜版行動。此外，我們除了在門口有保安監督以外，還在場內雇用了防盜版專家，他們會憑自己的經驗和眼睛來判斷觀眾有沒有帶針孔攝像機的眼鏡。可以說，在《英雄》上映的這7天中，連時間我們都是倒著數的，工作人員每天凌晨2點睡覺，6點就起床做準備，檢查影廳。關鍵的工作人員每天就吃一頓飯，幾天下來全累瘦了。

從《英雄》公映的第一天起，就有北京的盜版販子許諾：10天內保管《英雄》到貨。嚇得發行方每天派專人在北京等地的盜版碟市場轉悠，一個一個問盜版販子，生怕他們說《英雄》到貨。這次的《英雄》盜版計劃落空，讓全世界的盜版商都挺失望。香港的《英雄》投資商江先生非常熟悉盜版老大們的路數，他說如果還剩兩天再盜不到，他們很可能使上最後一招，就是進電影院搶拷貝。所以最後的兩天，工作人員的防備更加嚴格，每天至少有5人以上24小時看守拷貝，最後大家看誰都像盜版販子。1

注1宗珊：《跟蹤＋埋伏＋強搶『英雄』遭盜版》，2002年11月25日，大洋新聞網。

「盜版就像吹黑哨的裁判，他認爲拿了球隊的錢，他個人占了一點局部的便宜，但毀的是整個足球行業。」聯想集團柳傳志在2003年3月接受某記者採訪時，曾經如此生動地描述盜版給音像、

軟件行業帶來的嚴重傷害。金山軟件總裁雷軍，幾年前曾把金山公司和中國軟件業的困境歸結爲「前有微軟，後有盜版」。又過了幾年，在一次公眾演講上，雷總裁說：「我現在發現，盜版應當排在微軟前頭。」

電腦軟件、音像製品、圖書期刊的盜版防不勝防，這已幾乎成爲當代中華一大民族特色。每年都在打擊盜版碟市場，打擊力度不斷加大，但收效怎樣？2000年，當時還是VCD佔據國內主要市場，當時的盜版VCD碟片是10塊錢一套；2003年，DVD已經基本普及，盜版DVD碟片最便宜的零售價格7.5元一套。市面上叫賣盜版光盤的小販是少了，販子們改零售爲直銷，如今在不少地方的寫字樓，兜售盜版光盤的小販通過「價廉物美、童叟無欺」的所謂「誠實經營」，和購買者建立長期合作關係，一有新片入手，他們穿了體面的衣服，把盜版碟放進皮包，堂而皇之上門銷售。從藍領到白領，無不對盜版碟趨之若鶩——明擺著商店裡一張電影碟50塊錢，盜版碟質量不差，才10塊錢，有便宜誰不願意占？

看起來是占了便宜，實則吃了大虧。盜版使得中國軟件大國

的地位很難形成。中國本應該是軟件大國，中國人在軟件研發方面的能力被世界所公認。但是盜版的橫行卻嚴重影響了這個行業的發展，應用軟件很容易被盜版。做軟件的公司正版銷售的價錢已經很低了，可就這樣還常常在兩三個月之內就被盜版。因此，這種狀況使得軟件行業很難積累、很難投入，這在一定程度上削弱的是整個國力。

盜版所衝擊的不僅是軟件行業，而是整個中國的商業環境，這樣會嚴重影響生產力的發展。據調查資料顯示：中國的綜合盜版率每增加10個百分點，軟件銷售額便減少39.7億元人民幣，經濟活動總量相應減少67.76億人民幣，推而廣之，這直接或間接導致13170個就業機會的喪失。

誠在何處

廣西水口鎮古炮臺，曾是中法戰爭和對越自衛反擊戰前沿陣地。1998年2月，駐守311高地的邊防某部撤離後，311高地交由龍州縣旅遊局管理，1998年5月被列為龍州縣文物保護單位，2001年6月，被當地有關部門命名為「青少年愛國教育基地」。至今，311高地上古炮臺遺跡尚存，明碉暗堡遍佈。相信嗎？就是這裡，來參觀的卻沒有學生，只有嫖客。

「水口的『風景』在山上，山上的風景在夜晚」。水口鎮到處流傳著這樣的順口溜。「風景」是什麼？可餐之秀色也。這些「秀

色」晚上、白天都活動，地點就在既是青少年愛國教育基地，又是旅遊景點的炮臺裡，大概每一批「遊客」有七八個人，只要價格合適，她們隨時都會開展「業務」。

這幾年，水口地區邊貿快速發展，許多酒樓、茶莊應運而生，色情業也應時而生，而且價格「低廉」。她們不光在炮臺裡，周邊的髮廊、茶莊也都有幹這號事的人，只是古炮臺名氣最大。在此做生意的是一位姓雷的龍州老闆，他在此已經經營了兩年多時間，該店表面是茶館，但服務員都是可以提供特殊服務的。

荣市場裡的肉販子做豬肉買賣、牛肉買賣，而我們高懸「青少年愛國教育基地」牌匾的古炮臺裡面，做的卻是「人肉生意」。這裡的賣春女都非常年輕，很多都是十幾歲的小姑娘，但早一副久經沙場的做派，每看到有人靠近古炮臺，就從二樓由炮臺操作間改建成的包廂裡跑到陽臺上觀望，不時地用極不流利的水口方言招呼道：「上來啊，上來喝茶啊！」

更令人想不到的是，這裡的「人肉」賣得比牛肉豬肉還便宜。這裡賣身不過夜只計次。賣身女起價50塊錢一次，若是砍價還能打折，最低4折20塊錢。20塊錢還嫌貴？沒問題。只要不嫌髒，這裡的小姐也攬私活，某記者曾經假裝嫖客來此暗訪，採訪結束後，本打算拼命喊貴，藉以脫身。結果卻讓這位記者哭笑不得：好幾個女子看這個一直嚷嚷貴的「老闆」這麼小氣，都扭頭離開了，記者正要成功撤退，一個十幾歲小姑娘把他拉到一邊悄悄說：「10元，10元！多便宜，您抽包香煙也得10元錢呀！」同時還用手

指了指山頂，示意到山上去「做」。

如此古炮臺，如此「青少年教育基地」，不知當地的教育工作者和家有孩子的父母們，有沒有帶孩子們參觀過這個「青少年教育基地」。不知當地有著大大小小職權的父母官們，如何面對冥冥之英烈。

20世紀是除魅解咒的時代。有人認為孔孟過時了，空談高尚道德過時了，以往的行為規矩道德標準，精華同糟粕一起被打翻在地，佛教認為只要有嚴格的自我修行，「草木皆可成佛」，儒教認為只要有嚴格的自我道德約束「人皆可為舜堯」，誠信是一切道德的基礎和根本，是人的最重要的品德。當出賣良知和道德在某種程度上成為一種生存手段，當謊言和虛偽在一些時候比真誠信實更適合某種環境，並具有更大的生存優勢時，誠信也就走上了懸崖峭壁，古炮臺上的女子們也只值「一包煙錢」。

喪失良知的世界不堪設想，道德泯滅的民族沒有發展前途。商人買賣信用、學子買賣文憑，有錢的人出錢買人性命，沒錢的人給錢就賣自己的肉體。世界是彩色的，而人心只剩下蒼白暗淡。

綿綿岷江之畔，古代蜀國先民聚居地，西元三世紀，秦國蜀郡太守李冰父子在此修建都江堰水利樞紐，有效地解決了引水灌溉問題，孕育了沃野千里的天府之國——成都平原，也同樣培植出了有著深厚歷史沈澱的巴蜀文化。目前都江堰已擴展成為一個地級市，因為源遠流長的巴蜀文化而成為著名的風景旅遊勝地。就在這

座有著深厚文化積澱的古城內，不久前卻響起不和諧音符。

全國藝術模特比賽總決賽將賽場選在了都江堰，參賽女選手們來到一處泉眼，進行一場象徵性的「人體藝術模特淨身」儀式，本來是件嚴肅事，旨在加強選手們對參賽的神聖感和勇氣，哪知因為沐浴處沒有完全封閉，來看稀奇的群眾圍了個裡三層外三層，到最後現場圍觀的群眾達四五百人之多，其中甚至還有老大爺和老太太。

為擴大宣傳，主辦方打出了「人體藝術模特淨身」字樣的橫幅，正是這「人體藝術」激發了都江堰全城人的好奇心，當天從清晨開始就有不少附近的居民駐足，圍觀者也不管淨身是不是　「神聖」，只是堅決地在冷風中爭看「美女沐浴」。人群中騷動不斷，站在後排的爭相往前擠，站在前排的則興奮地竊竊私語，「哇！身材好好哦！不錯不錯！」幾個老太太使勁擠到最前面，看得真切後大聲評點：「這些妹兒硬是美女，身上一個疤都沒有！」

淨身活動在20分鐘後迅速結束，幾位晚來都還因

沒看到淨身場面遺憾地說：「這麼早就完了嗦！」、「看美女還是有點意思欸！」這還算相對含蓄的，另有幾個小夥子為了過眼癮，居然爬到了泉眼旁的一棵樹上，被參與拍攝的一位攝影師攆了好久才戀戀不捨地下來。 *1*

注1吳曉玲：《美女都江堰泉水沐浴，500看客層層圍觀》，2003年11月24日，《天府早報》。

「淨身沐浴」有些行為藝術味道，到底是和裸奔有著天壤之別，都江堰人競相觀賞熱情澎湃也不好指責過多。然而就是2003年，還是這座古城都江堰，還是面對女子，在古城的一條街上，這名女子在深夜遇到歹徒的追殺，逃亡中發出撕心裂肺的呼救，整條街的人都選擇了沈默。

弱女子最終沒有逃脫追殺，就在街中央被歹徒亂刀砍死。「黑夜，小街，暴行。呼救，冷漠，傷逝。在那個血色清晨，一條街的良知都凍死了。」這是華西都市報記者對該案進行採訪後寫下的評論。這則新聞，該記者寫得格外沈重——

都江堰市內有條河，河兩岸都是店鋪旅館，很熱鬧，兩岸有一橋相連。據當地居民介紹，事發時，遇害的年輕女子是從橋上一路跑到街上。我的同事在橋的兩端找到了一些知道這件事的居民接受了我們的採訪。一位老婆婆住在橋頭，由於失

50

眠，當晚她一直坐在窗邊打發時間。那位老婆婆告訴我們，那晚她聽到「有個女子一路都在跑，邊跑邊喊，跑到橋頭就沒有聲音了，後來就聽到橋上『砰砰』的聲響，聽到『哎喲』的叫喚。後來一下子又掙脫了往小店的方向跑去，之後又聽到叫了三聲『哎喲』，就沒有聲音了。以為是打架，跑走了就懷疑不對了。」

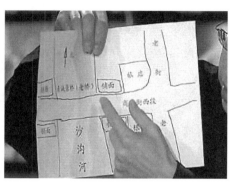

據老婆婆的回憶，當時那個女的是從橋上跑到了商業街上後被害的，這段路大概有60米左右。而在商業街這一段，兩邊的店鋪一家挨著一家。受害者朝著光亮跑，當時在橋的這邊有一對夫婦也注意到了外邊發生的事情。丈夫在一樓看店，沒有起來，在二樓的妻子出於好奇，看到了樓下驚心的一幕。妻子回憶：「平時就很膽小，當時聽到叫聲特別害怕，在床上瑟瑟發抖，悄悄起來看，那時，他們還在橋頭，看不見。小吃店的門是開著的，後來他們很快跑過來，因為有個臺階，那個女的滑到了。這個時候原先開著的門都關上了，雖然很黑，但還是能看見揮舞的手臂，聽見呻吟聲。我非常害怕以至於不知道要打電話。」

《華西都市報》記者在採訪過程中還接觸到當晚聽見呼救的另外一位小店老闆，這位老闆對當晚的事情這樣說道：「我聽到了，

『砰砰』石頭打人的聲音，感覺很震撼，我也準備出去，但我不知道有幾個人，不敢出去。我就借用掃帚擋著從門縫裡看，當時如果我有電話就報警了，但是我沒有，害怕死者看到我，把影留在眼睛裡。」

擋住人們救援之手的，僅僅是這樣的迷信？受害者從橋頭大概跑了50米後滑倒了，在絕望中被兇手追上，殘害致死。而遇害現場距離路邊的一家小藥店僅僅有兩米的距離。兩米有多遠？對於這個女子而言，就是生和死之間的距離。小店尚未關門，但店主聽到外邊的奔跑、呼號和廝打聲，害怕節外生枝被人砸了店，就趕緊拉上了捲簾門。一道捲簾門有多厚？對於那個女子而言，生的最後希望就被這門徹底擋住了。

接著，經過這裡的人發現了屍體，有人報了警。凌晨6時零5分都江堰市公安局的幹警趕到了現場，並立即進行勘查。據法醫鑑定，死者系女性，年齡30歲左右，系他殺。死者胸背等處有10餘處刀傷，有扼頸痕跡，並有被鈍器打擊頭部的傷痕，系失血性休克窒息死亡。

旁觀者的任何評價都是隔靴搔癢。採訪此案的記者在小街上調查多日，在這條新聞結尾處的撰文可謂字字千斤：

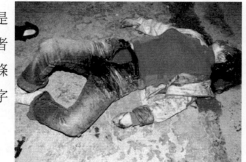

　　黑暗中，絕望的呼喊響徹了那條小街。冷漠，這種說法小街上的人們並不認同。他們都很願意解釋當天事發時自己的行為。當地的政府部門並不願意我們來採訪這件事，畢竟，發生這樣的事情會影響當地的形象，誰都不願意拿出來報導。或許出於恐懼，或許為了自保，或許出於對其他事情的考慮，或許僅僅沿襲了一種習慣，總之，不該發生的發生了。那天清晨，在一條幾十米長的小街上，死亡被眼睜睜默許了，暴力沒遇到來自這條街的任何抵抗。同為世俗中人，我沒有太多理由譴責他們中的某一個，我也不比誰佔有更多的人性優勢和道德資本，但我還是忍不住想說啊：你可以膽戰心驚，可以不挺身而出，可以不做非常之舉，但你就真的連一點點可做的事都找不到嗎？連撥一個報警電話連喊一嗓子的膽量都沒有嗎？一個人可能不作為，兩個人可能不作為，但所有人都集體不作為到了如此徹底如此一致的地步，委實令人心寒！最折磨我的是奔跑者的那種孤獨，是整條街的空曠，是整個夜的清冷，是激不起任何回聲的那一聲聲呼救！

　　一同去採訪的記者告訴我，告別小鎮的那天，他又去看望那條小街，陽光很溫暖，沒有血跡的路面上車水馬龍熙熙攘攘，每個人都埋頭自己的生活，一切那麼溫暖而平靜，一切顯得那麼正常。他說，他已沒有了最早踏上小街的激動，人群中的他，只是感覺到了一種莫名的冷，一種孤獨，一種悲涼……他說，這是一條曾經沒有尊嚴的街道。1

注1代建軍、周祺：《弱女子遭歹徒追殺求救，全街人坐視其橫屍街

53

頭》，2003年11月10日《華西都市報》。本文引用略有改動。

　　以前聽過一個故事，說的是一群猴子被關在籠子裡被賣到了餐廳，每天都會有一隻被廚師抓去做猴腦吃。被抓的小猴子被牽到客人的飯桌前，桌子中間挖個洞，猴兒的頭頂從小洞中伸出，用金屬箍住，並且箍得非常緊，用小錘輕輕一敲，頭蓋骨應聲而落，猴腦完全裸露。用湯匙挖腦子吃的時候，桌下猴子還未死，發出聲聲慘叫。籠子裡的猴子都明白一去就是送命，只要見廚子靠近，就競相把籠裡最弱的一隻猴子往籠口推，讓廚子抓走，然後慶倖自己僥倖存命。推得過一時推不過一世，日子一天天過去，猴子一隻隻減少，最強的那隻猴子推走了惟一幸存的夥伴後，也最終被廚子抓去吃掉了。這樣一則有些血腥的故事，如今就活生生地重演於都江堰。試想，如果都江堰是一個孤島，島上的人遇到猴子類似的命運，也你推我，我推她，靠推出最弱的保全自己的生命，那不出幾年，全城還會有人在嗎？這是一個極其淺顯的道理。在那個深夜，無論出於什麼原因，你可以不當勇士，可以不見義勇為，但是打一個電話報警或躲在門後喊上一兩聲，不過舉手之勞。就是這一點點，在都江堰那一條街上，卻沒人能做到！

幾不可尋

小學《語文》課本中有這樣一個故事：古代有一個窮人，餓得快死了，有人丟給他一碗飯，說：「嗟，來食！」窮人拒絕了「嗟來」的施捨，拒不吃這碗飯。

寧願餓死，也不吃「嗟，來食」，這是飢餓者的骨氣，也是我國古代勞動人民的骨氣。如今在我們城市的街頭、過街天橋的樓梯上、地下通道的走廊裡，不時可見一些乞丐，他們中間有一部分人，並不是真正的走投無路，而是在濫用世人本已經十分稀缺的良知和誠信，行乞成了他們的一種職業，一種靠賺取他人的真誠、信任、同情之心發財致富的「產業」。

這些新一代的「職業乞丐」們，「乞翁之意不在粟，在乎財帛之間也」。不要小看這些貌似可憐的乞丐，他們身後的乞丐頭子很可能是家纏萬貫。

上海、北京、廣州等地經濟情況好，人民普遍較富裕，又心軟，看到傷殘孤兒動不動就給上幾塊錢。幾塊錢在大城市人的眼中不算什麼，但十個幾塊錢、一百個幾塊錢，就是一筆可觀的收入。有人看上了這種致富方法，想出了向殘疾人家屬租用殘疾人，帶進城裡乞討的發財方式。這些人把此種想法付諸行動，很快脫貧致富，於是吸引來更多的人沿用此辦法「奔小康」。在一些經濟不發達地區，靠這種方式致富，蓋起青磚大瓦房的人成群、成村。

安徽省阜陽市太和縣宮集鎮宮小村，六畜興旺，五穀豐登。

行至村內，觸目都是四輪鐵牛，到處都是青瓦樓房，豪院巨宅掩映在綠樹之間。宮小村，宮集鎮乃至整個太和縣都不是殘疾多發之地，「癱子村」的稱呼卻遠近聞名。村裡很多人租用殘疾人進城乞討，脫貧致富，整個村子生活水平大大超過鄰村。

「事變於偶然」。宮小村的人，乞討史雖然悠長，但是收穫一向平平。80年代初，一位村民帶著他的瘸腿兒子去上海看病，發現上海人特別同情他的殘疾兒子，父子倆坐在第九人民醫院的水泥地上，人們就一個勁地向他們扔錢，由此便得到啟發：癱子是行乞的最好道具。從此，他帶著兒子走南闖北，很快買牛蓋房發了起來，引得宮小村的村民紛紛效仿。沒有「癱子」，就外出尋租，四鄉一時而癱「貴」，弄得：馬蹄聲碎，喇叭聲咽，日暮時分家家扶得癱子歸。

「癱子村」從此出了名，周圍的孟莊村、時莊村、南莊村乃至更遠的蒙城縣、渦陽縣、潁上縣、阜南縣甚至河南的民權縣都紛紛效仿，一種隱形的「產業」——「租賃乞討業」悄悄出現，名叫「帶癱子」，行話叫「帶香」。「香」的解釋，就是因為「癱子」能帶來收益、「吃香」，而奇貨可居的意思。「帶香」者，對癱子而言也就是「香主」。

　　宮小村有句順口溜：「五萬不算數，十萬剛起步，宮小想露臉，廿萬稱小富。」宮小村村民靠著乞討告別了貧困的生活。他們對癱子的父母多假稱招收工人做手工活，孩子管吃管住，每個月發工資。癱子們癱在自己家裡沒有勞動能力，父母還得養他；被「帶香」的帶進城，正好解決家庭的負擔，癱子們的家屬感謝宮小村村民還來不及。

　　「癱子」年齡都控制在8歲以上，15歲以下。太小了難養，容易生病，成本太高；太大了難調教，有的發育成大小子了控制不住。「癱子」一般都在外面找，最初是在本地找，後來在全省範圍找，最後擴大到全國，雲南、貴州、廣西、甘肅、陝西……越窮的地方越能找到。據宮小村村民說，現在年輕一代「帶香」的，常常穿得筆挺，拿著公事包和假介紹信，去西部某些縣裡的殘聯「聯繫工作」或者「獻愛心」，一分錢不付就能把殘疾兒童的名單搞到手……

　　租用癱子的價格不等，手殘的每年2000元，腳殘的每年3000元。「要飯」的越燊人，越有人肯給錢，所以越殘價格越高，長得越畸形越受雇主歡迎，一個渾身被燒得像「水麵筋」和玉米棒一樣的9歲男孩以6000元一年的租金被租下後，一年就給雇主淨賺了兩萬五。

　　一般，「香主」都是一早把「癱子」們餵飽了送到預定的位置，「香主」遠遠地看著，人氣旺的地方一上午討個三五百元沒有問題，一天一千都有。也有人氣不旺的時候，幾個香主這時就會走出來，圍著「癱子」一個勁地叫可憐，看看人多就先扔些錢，這叫

「化子托」，馬上就會有人跟著扔錢。

上海《新民周刊》的記者曾就此探訪過幾位「香主」，請他們介紹這個「特殊行業」的「工作情況」。這位「香主」談及「業務」，聲情並茂：

不是自己的孩子，哪裡真會愛惜他們，説虐待，最常見的就是不讓休息，延長他們的要飯時間，有的「香主」逼他們一天乞討10多個小時。還有就是颱風下雨也「上班」，讓他們冒著雨在公共汽車站，特別是上下班的時候，纏著心急火燎的男男女女……還有就是錢討少了，打啦罵啦，凍他啦，餓他啦，不稀罕！

不過，「癱子」也不是好惹的。第一，他們會罷工，不高興就不幹了；「香主」要再打他，他就報警，説你根本不是他爹媽，抓你個虐待殘疾兒童，拐賣殘疾兒童！第二，「癱子」雖然大都不識字，但是都認識自己父母名字，他要你每個月先寄錢給他父母，然後給他看過匯款單，才給你幹活，你説精不精哪。第三，他們還會「跳槽」呐，你逼他急了，他就走人，換個「主」保護又怎麼樣？最後，他還會「兼職」，同時為兩個「香主」打工，到時候通知他父母分頭向你們要工資……1

注1引自：胡展奮、潘文龍：《丐鄉大起底，皖西職業丐源調查》，2003年11月號《新民周刊》。

「宮小」不小，事實上，它是一個下轄4個自然村的大行政

村，共有村民1600人左右。這村也有黨員，還有個黨支部，但支部書記宮傳文卻對《新民周刊》記者說：「大傢伙富了，誰斷他們財路，還不跟你拼命！」中國最古老的一個道德判斷，就這樣借著脫貧致富的理由，被輕易顛覆。城市裡的行人過客，如今已經漸漸看清了這些乞丐們的伎倆，江蘇一位網友發現，在他單位樓下常年有個身體健康的乞丐，每天把小腿彎起來綁在大腿上，再套上長長的褲管假裝截肢行乞。這位網友拍下了騙子乞丐每天健步如飛來上班，化了妝匍匐在地一整天，天黑後摘掉繩子鑽進飯館喝酒吃肉的三部曲，並將照片貼在論壇上。此帖很快傳遍大江南北各個角落。除了不諳世事的孩子，還會有幾個大人再對這樣的假乞丐心軟？

職業「香主」們踐踏的不僅是世人的憐憫之心，還踐踏著殘疾人父母長輩的親情，雖然殘疾，但哪個「癱子」不是母親十月懷胎的親骨肉，哪個母親不疼愛自己的孩子，哪個父親不掛念兒女的生活？職業「香主」們謊稱帶著孩子外出打工、掙錢的同時叫這些窩在家裡的殘疾人找到點人生價值，他們憑此騙取了家長們的信任，出門就又將這「信」字拋到爪窪國，什麼打工！更何談人生價值！多少貧困家庭的父母出於對騙子的信任，將孩子交到他們手中，換來的卻是親生兒女在異鄉異地沿街乞討，殘羹冷炙，動輒打罵，甚至客死他鄉！宮小村的確致富了，如此「高成本」的致富，需要幾代「宮小」人的高成本償付？

為了發財而不惜踐踏一切良知和誠信，如果是農民，也許有著教育和貧困的諸多複雜因素，但這種肆意的踐踏並不僅僅發生在

這些貧窮的山窩窩裡，在大城市，拿著高等學歷的人同樣打法律和道德的擦邊球，甚至執法機構內部也有人拿著法杖犯法，念著法條犯罪，屢見不鮮。

在一起騙姦、輪姦案的偵破過程中，具有研究生學歷的犯罪嫌疑人意外死亡，媒體的報導給辦案帶來巨大壓力。同時，案件審理過程中又出現了徇私枉法的法官。撲朔迷離，孰是孰非，研究生究竟是文質彬彬的知識份子，還是披著羊皮的色狼？持掌法律金盾的大法官，是公正司法的維護者，還是褻瀆法律尊嚴的下九流？

這起案件發生在阜陽市。2002年6月，阜陽市公安局在審理袁某、王某連續搶劫案時，兩人供認所劫贓款已在新時代遊戲廳揮霍一空。於是，刑警們開始依法對新時代遊戲廳聚眾賭博問題展開調查。

治安部門提供的資料表明，遊戲廳的老闆張二寶夥同他人先後在阜陽市的多個地點組織賭博活動，非法贏利總額達228萬元人民幣，是一個名副其實的賭頭。另有人檢舉，張利用黑錢多次引誘強姦少女犯罪。

系列搶劫案由此牽出了系列強姦案。調查進一步深入，揭發張二寶及其同夥鄭奇（阜陽市一機關幹部）、穆佳（某重點中學在校生）強姦、輪姦多名在校女學生的檢舉信，從安徽省委、省政府信訪局、省檢察院、省公安廳和阜陽市市委、市政府、市政法委、市檢察院等相關部門不斷轉來。

接到這些檢舉信後，阜陽市公安局傳喚張二寶、鄭奇和穆佳

進行留置盤問，並延長留置盤問時間。然而，這幫歹徒在社會上有一定的勢力，說情打招呼的人絡繹不絕，各種有形、無形的壓力從各個方面向公安機關襲來。在穎州公安分局院內，一下子來了十幾部豪華轎車，等著接犯罪嫌疑人回去，調查取證由此受阻。

正當偵查工作緊張有序地進行時，意外發生了：接受審訊的鄭奇說自己心臟病發作，乘人不備，將此前其妻子送來的藥物「心律平」全部吞下，因藥物過量，經搶救無效死亡。

鄭奇，1990年畢業於湖北某工業大學，分配在阜陽市一機關工作。他出身於幹部家庭，親戚中縣處級以上的幹部有十幾位，其中一位任安徽省省直某單位領導。

擁有比較複雜的社會關係的鄭奇帶職下海後，開過歌舞廳、酒店，做過大生意，並於1998年考取了北方某大學在職碩士研究生，後又報考了該校在職博士生。經查，鄭奇本人在公安機關早有「案底」：曾因嫖娼被阜陽市警方給予治安警告罰款處分；在京讀書期間，鄭低價購入一輛被盜轎車後倒賣，非法贏利5萬元。案發前不久，還曾因涉嫌強姦被阜陽市公安局刑拘。

就在有人企圖借鄭奇死亡之機為這三人翻案之時，阜陽市公安局專案組衝破重重阻力，加大偵查破案力度。在多達十幾卷的證明材料中，有犯罪嫌疑人的供詞、有嫌疑人多次供認犯罪事實的訊問筆錄，有多個受害人的檢舉揭發材料和問話筆錄，有相關證人證言、辨認筆錄、書證及相關書證的鑑定結論。這些證據形成了一環扣一環的證據鏈條。可以說，這個犯罪團夥的犯罪事實已經昭然顯

現，可是，就在這關鍵時刻，意外情況又發生了。2003年6月，阜陽市檢察院就張二寶、穆佳涉嫌強姦罪、賭博罪提起公訴，可是就在法院決定開庭審理之前，犯罪嫌疑人翻供，受害人也推翻證詞。面對這一突發情況，阜陽市檢察院提請法院延期審理，但遭到主審法官的拒絕。這意味著，這兩名犯罪嫌疑人有可能在控方證據不足的情況下被無罪釋放。

專案組民警展開新一輪調查，到穆佳家裡突擊搜查試圖發現新的證據。穆佳家中先是無人應答，經過二十幾分鐘的敲門，房門打開了：其家裡除了穆佳的母親，還有一位神色慌張的陌生男人。民警詢問時，該男子拒不說出自己的真實姓名。經進一步審查發現，此人竟是受理本案的該市中級法院刑一庭庭長武某。

據武某交待：事前，穆佳的母親因為兒子的案件找過他。在這個女人的誘惑下，這位有過多年審判經驗的庭長說出了該案件定罪的關鍵所在，並違反規定，准許案件代理人會見受害人。在其授意下，犯罪嫌疑人、受害人分別推翻證言，因此導致檢察院要求延期審理，而他又斷然拒絕，企圖在控方證據不足的情況下宣判犯罪嫌疑人無罪。

武某還交待，自己曾先後與6名案件當事人的家屬發生過性關係，其中兩次分別在辦公室及自己家裡強姦當事人家屬。他還涉嫌敲詐、索取當事人的錢財10多萬元。張二寶、穆佳一案環環相扣，最終還是被警方一一破解，違紀法官同幾名犯罪嫌疑人一同得到了應有的懲罰。

花季少女輕信於人而遭到強暴。鄭奇之妻在丈夫自殺身亡後才發現夫君隱瞞自己多次嫖娼並涉嫌強姦的犯罪案底。陌生人不可信、枕邊人不可信，人們只能相信法律了，可連執掌法律金盾的法官——

法庭之庭長也坑蒙淫亂為非作歹為官不正。過去公共場所的學習雷鋒，卻被現在普遍要求自我保護、「不能輕信他人」的告戒所取代。焦裕祿過時了，雷鋒過時了，過去的那一套人與人之間的「信」變成了防身必須的「疑」。騙子當道，好人讓路，人們還能相信誰？

　　人與人之間的相互信任和相互幫助，原本是人類社會發展中一種最為簡單和自然的關係。然而如今，這種關係卻變得格外稀缺，以至於當一雙真心相助的手向我們伸來的時候，我們反倒躊躇了：不知道是該迎上去，還是遠遠地逃開。有一年夏天，安徽某農村有位姑娘急需進城辦事。路途遙遠，而荒野中又沒有一輛車或行人經過。正當她非常焦急的時候，身後駛來一輛摩托車。小夥子問姑娘：需要進城嗎？我可以捎你一段。姑娘一時著急，想也沒想就坐到了摩托車後座上。摩托車在荒郊疾駛，姑娘漸漸害怕起來，種種劫色搶錢的情形浮現在眼前，不免渾身發抖，嚇得幾乎從車上掉下來……摩托車終於開進了城裡，不等車子停穩，姑娘跳下車來，

連謝也沒說就倉皇跑開了。讓開摩托的小夥子愣了好半天，不知自己哪做錯了……

　　這就是中國人集體罹患的失信恐懼症。失信濁流，像瘟疫一樣侵蝕著人與人之間的信任，在人與人之間豎起了一道難以消除的心理障礙。互不信任、互相防範，四顧無知己，比鄰若天涯。

第二章
授業之惑

　　在監考老師玩忽職守之下，考生們有的左顧右盼，有的交頭接耳，甚至站起來弓著身子去看前邊考生的試卷；傳遞紙條，打手勢發暗號，在桌下翻看參考資料……

　　一些地方的私營舞弊成風成氣候，扛著舞弊潮流之旗，高唱凱歌進考場，竟然由此應運而生所謂「槍手公司」……

　　工商銀行青島分行在青島開展助學貸款，一段時間後進行統計分析，大學生畢業後到期應還款額的違約率高達27%……

誠信貶值

2003年7月，家住成都淅川縣城關鎮的老漢張國林正在農田裡幹活，突然傳來呼救聲——一個小男孩掉進30米外的河裡，正在深水裡拼命掙扎，危在旦夕。

老漢跳入河裡，抓住了小孩的胳膊，慢慢向附近的一個沙丘上拖。不諳水性又加上體力不支，老漢費盡力氣將小孩推上岸後，自己卻滑進了河裡，溺水身亡。

張老漢捨己救人的事兒讓鄉親們大為感動，下葬那天，1000多名群眾含淚走上街頭為他送行。但這之後的聲音卻不再和諧。被救的孩子和家長沒有對老漢做任何表示，小男孩兒說他自己會游泳，玩夠了自己游泳遊回岸邊的；男孩兒家長說，大概是老漢自己水性不好淹死的。張老漢在田裡好好地幹活，平白無故怎麼會往河裡跳？這樣的說辭是可忍，孰不可忍。張老漢一家憤而將被救小孩一家告上了法庭。好在出事的那天，很多鄉親都目擊了河邊發生的前前後後，在法庭上自願站出來給張老漢作證，最後面對眾多證人，男孩一家實在沒有什麼可說的，才最終承認張國林為救孩子而死的事實。

古往今來，最大的恩人莫過於「救命恩人」。如今不僅恩人可以不認，還如此說謊、誣陷。孩子和父母共同編造了這樣的謊言，小男孩兒年僅12歲，一個12歲的孩子，可能僅僅是出於怕家長教訓而選擇撒謊。自己的孩子有沒有撒謊，家長應當一清二楚。而孩

子的家長信誓旦旦跟著孩子一起撒謊為的是什麼呢？怕承擔責任，怕賠償經濟損失，怕欠下還不清的人命債。家長是孩子的終身教師，這樣的一課，也許在孩子的一生中都不會淡忘。為人父母者，當教育子女從善守德，而我們卻有著太多這樣的父母，言傳身教著自己的子女：為己之利可以不仁不義，逃避責任可以不誠不信。所謂三歲看小，五歲看老。幼年的教育缺失帶來的將是什麼，我們很難想像。

古語「南轅北轍」，說的是從一個極端到另一個極端。做人如果南轅北轍，那就是背叛。如今南轅與北轍，這類極端對立的東西，居然可以放到一起並存。騙子和好人並存，榮耀與污穢並肩，不以為恥，反以為榮。不但可以見利忘義，更可以出賣自己的肉體。

貶值，用通俗語言講就是錢不值錢。受到市場變化、價值規律的影響，貨幣的貶值是不可避免的，但如果有一天一個國家的貨幣貶值了，日後由於國家經濟形勢、貿易進出口變化，價格規律起到作用，貶值了的貨幣還能夠重新升值。而誠信一旦貶值，想恢復其原有水平則難上加難。今天誠信的貶值已經到了否認誠信，躲避誠信，遠離誠信的地步。

考場舞弊

2000年夏，《羊城晚報》記者趙世龍獲悉湖南省嘉禾縣近年

67

高考考風不正，想現場抓拍一些舞弊鏡頭，又覺得單靠照相機力不從心，而此條新聞線索事關重大，於是與湖南經濟電視臺聯手行動，搶在高考開考前一天的7月6日，悄悄將偷拍攝像機架在了嘉禾縣考場——嘉禾一中對面一座樓的樓頂。這裡拍攝對面考場的角度絕佳。考試開始後，嘉禾一中考場內果然出現了舞弊現象，湖南台的記者拍了7月7日這一天的上、下午兩場考試，錄影資料長達180分鐘。8日，高考第二天，中央電視臺「焦點訪談」記者獲悉這一線索也趕到現場，繼續進行拍攝。9日，本年度高考結束的當晚，此條新聞在湖南經濟電視臺播出，一組組清晰的鏡頭真實反映了嘉禾一中考場內的「考場現形記」：在監考老師玩忽職守之下，考生們有的左顧右盼，有的交頭接耳，甚至站起來弓著身子去看前邊考生的試卷；傳遞紙條，打手勢對暗號，在桌下翻看參考資料……

　　嘉禾、電白這兩件事情鬧了好幾個月，全國上下一方面關注著執法部門的調查進展，一方面也有一些學者質疑湖南和央視記者的採訪，認為他們明知對面學校考場內在違法犯紀，卻不檢舉，不彙報，只知道拍拍拍。經過為期近一年的調查取證，嘉禾考點有203名考生因考卷雷同等原因被取消了考試資格；嘉禾一中被取消全國高考考點資格。一批地方責任官員受到嚴肅查處並依法追究了法律責任。

　　取消考試資格、判處有期徒刑等嚴厲的懲罰並沒有達到更多的警戒效果。2002年，高考舞弊事件再次發生，同樣的7月9日，中央電視臺「焦點訪談」欄目再次曝光高考光環下的醜惡行為：山

東灘坊某「高考作弊公司」協助考生作弊。2003年1月，中央電視臺曝光湖北省鄂州市第一中學內高等教育自學考試嚴重舞弊情況，考生公開傳條、抄襲、交流而無人制止。

每一次展現在觀眾面前的高考舞弊偷拍鏡頭都是觸目驚心的。在湖南嘉禾，考生們對答案、傳紙條、打手勢、交頭接耳，監考老師就是視而不見。情況太混亂的時候，他乾脆背過身去，盯著走廊。考試結束了，考生們抓緊最後的機會再「交流」一下。儘管身佩大紅監考證的教師就在身邊，但是鈴響兩分鐘以後，很多考生仍然不肯交卷；在湖北鄂州，一名考生低頭抄襲紙條，另一名考生竟站起身來抄襲前面考生的試卷，而此時監考老師就站在後面。在距離考試結束還有十幾分鐘的時候，考場秩序變得更加混亂，一些已經交卷離場的考生居然又回到考場，站在窗外向裡面的考生傳遞答案。

考場作弊的話題歷史悠久，在清代小說《官場現形記》和《二十年目睹之怪現狀》中就有過精彩的描寫，可見這是一個有歷史的老大難問題。不過在歷史上，無論當朝政壇如何腐敗，考場內作弊很少有官私勾結的。也許是今天的人們真的有些開放過了頭，一些人居然公開在考場上弄虛作假，為人師表的監考老師也大模大樣參與其中。誰都知道，高考對於一個十七八歲的外國孩子而言，也許僅僅是一個需要好好準備準備的升學考試。而在中國，由於城

鄉差異的存在、社會對學歷文憑的盲目認同，這種大學入學考試被賦予了太多的內涵和意義：答好卷子、選好志願，被錄取進一所理想學校，也許就是祖祖輩輩翻了身。近年來，一些地方為了考生能夠高分上榜，通過不正當手段在考試過程中做手腳，一再徇私舞弊。只要有一個人通過不正當行為僥倖獲得高分，都是對整屆高考考生的極端侮辱。

「槍手」傳奇

考場作弊屬於嚴重違反考場紀律問題。而有些考生為了升學、文憑，還敢做更大膽的欺詐行為——雇傭「槍手」替考代考。所有這一切都是在公開場合下大鳴大放地進行的，所謂的什麼誠實、誠信早已蕩然無存。一些地方的私營舞弊成風成氣候，扛著舞弊潮流之旗，高唱凱歌進考場，竟然由此應運而生所謂「槍手公司」。2003年11月，廣東《新快報》就刊載文章，披露了這樣一個荒唐透頂的「槍手公司」的內幕。

一批涉嫌替考的「槍手」，出現在昨、前兩天進行的全國統一成人高考武漢考場。記者在調查性採訪中，被某「獵頭」安排「變身」為一名40歲的廣州「考生」，完成了兩門科目的考試。同樣不正常的是，在未得到廣東省教育部門認可的情況下，至少有數百名廣東考生捨近求遠來到武漢考場，參加本次

成人高考。當地警方接到報案後，警方根據記者的指認，在武漢安華大酒店和豐頤大酒店抓獲一男一女兩名涉嫌組織替考作弊的「獵頭」和四男一女五名「槍手」。

2003年1月初，本報記者單道輝（化名）得到線索後，開始與「獵頭」接觸。今年3月7日，單道輝憑他們提供的假身份證，在廣州一個成人高考報名點——「湖北某學院廣州五山輔導站報名點」順利通過壓指模鑑別身份的程式，取得了武漢考點的准考證，成為一名翁姓40歲廣州人的替考者。如果通過考試，他將獲得1800—3000元酬勞。單道輝在一名女「獵頭」帶領下，與數百名廣東考生一起，乘火車抵達武漢。隨後，一名號稱「金牌槍手」的人，向包括單道輝在內的幾名「槍手」傳授替考經驗。15日，單道輝與其他「槍手」在設於武漢幾所大學的考場內，順利完成今年成人高考「政治」和「英語」科目的考試。

指紋鑑別對「槍手」不起作用

11月14日，15：30，武漢某大學考點開始清場。考點的週邊設立的考場公告欄，旁邊一張白板上寫著「曝光台」幾個字，上面尚無任何舞弊者的名字。公告欄裡還張貼著《考試紀律》及湖北省首次採用指紋比對方式進行身份識別的公告。

據稱，一旦監考人員對考生的身份產生懷疑，立即可以通過指紋鑑別的方式鑑別考生身份，令替考者「無所遁形」。然而，本報臥底記者的指紋卻在報名時就已被當做被替考者的指

紋成功採集了，指紋鑑定無論怎樣比對，二者都相同。因此，指紋鑑別對於與本報臥底記者處於同樣情況的「槍手」來說根本不起作用。

考點出現大量廣東考生

11月15日，7：53，本報臥底記者乘坐一輛車牌號為「鄂A47851」的黃色大巴駛入湖北某學院的大門。此前，已經有一輛載滿廣東考生的大巴到達考點。

8：12，考生越來越多，聚集在門口的大批考生用粵語交談著。

8：30，考生擁進考場。

9：00準時開考後，幾名在火車站、酒店、賓館等地「打過照面」的湖北高校的老師再次出現在考點。在考試進行的兩個半小時裡，考場附近滯留了十餘名講「白話」的廣東人。

記者收到「臥底」發來的短信，10時40分，臥底記者提前交卷走出考場。

警戒線內輕易逗留半小時

14：02，距離開考時間還有28分鐘，記者決定親自進入考場一探究竟，接到「臥底」的短信後，記者直奔第五十三考場。在進入警戒線時，記者擔心地看了一眼守在警戒線邊上的

警衛人員，出乎意料的是，記者沒有經過任何盤查就進入了考試現場。

14：14，記者在五十三考場的門外滯留了近10分鐘，沒有任何工作人員對記者的身份提出質疑，五十三考場的監考老師狐疑地看了記者幾眼之後，也就不再理會了。記者與「臥底」隔著考試的玻璃窗互使眼色，後來乾脆「囂張」地在考場裡通電話。記者在考場遊蕩了近半個小時，等待著巡考老師將記者「請」出現場，然而一名迎面走過來的監考老師居然「友善」地向記者笑了一下。

14：32，記者從容走出警戒線，仍然沒有人盤查。

短信不斷飛進考場

15：00，有的考生已經提前交卷走出考場。

15：32，臥底記者再次提前交卷。

在臥底記者的短信暗示之下，記者看到，周圍提前交卷的考生一個個拿著手機拼命地發短信。據瞭解，發出去的短信一條條都「飛」進了考場內部，很可能都是考試答案。

現場出現了奇怪的一幕：在離考場50米的花壇邊上，一群提前交卷的考生正對著考點大樓，一字排開，拿著考試資料將找到的答案用短信的方式直接發到考場內部。有兩男一女還坐在花壇裡不停地翻找資料。

考場體驗：無驚無險做「槍手」

15日早上7時許，儘管我所替考的人比我大10歲，但我還是平靜地帶好偽造的身份證和按有自己手印的准考證出發了。兩場考試下來，監考老師甚至不願多看我一眼。我以「槍手」這樣一個容易讓人想起驚險場面的身份，輕鬆地經歷了兩場無驚無險的考試。

早上到達湖北某學院時，校園內已經聚滿了考生。該學院共設有考場92個，每個考場30人，各設監考老師兩名。考試開始前，監考老師發了一張「信息確認卡」，考生要在卡上按報名時按的指紋。因為准考證上的指紋就是我的，所以我很坦然地按下指紋，監考老師並未仔細查對就採集下一個的去了。另一個監考老師手上拿著一張印滿考生照片的紙，逐個核對考生。監考老師並沒有檢查我的假身份證，更沒有察覺身份證上的年齡和我本人實際年齡的差距。

考試開始，監考老師依舊是宣讀考場紀律，第一條就是要把手機、尋呼機等交上講臺。但發卷子的老師經過我座位時，我故意拿出手機，把它調為震動後再放回口袋。那個老師卻好像沒看見，繼續發卷子。

下午的考試也是一樣無驚無險，監考老師還是上午那兩個，沒有再採集指紋，也沒有採取其他核對考生身份的方法，而考生的手機只要調到靜音照用不誤。1

注1鄭杰、溫建敏、于任飛、林波、余亞蓮：《廣東槍手武漢替考被

抓，記者千里赴考求鐵證》，2003年11月17日，《新快報》。

　　毛澤東曾經親切的稱青年學子為「八九點鐘的太陽」，今日之朝陽，明日之棟樑。而我們當代的朝陽們，不夠陽光的行為不止於考場上搞作弊、僱「槍手」。在畢業招聘會上，有求職者將自己的「自薦表」貼上借用的獲獎證書，經過塗改液的加工，靠影印機的幫助，很快「拷貝」出一個優良、全新的「自我」。在學生社團組織，一些學生為得到「主席」、「部長」的職位，拉選票、裝先進，幫有投票資格的學生代表打水打飯打論文，跟相關學生工作的老師教授套近乎送禮品。一些學生幹部也如社會上的領導幹部一樣，吃了糖衣，中了炮彈，在競選上搞暗箱操作、營私舞弊。以至於現在的校園內，很多學生不願意參加學生組織，不願意當學生幹部，問及原因：如果說學校就是小社會，那學生組織就是小黑社會！

　　謊話說多了，連自己都以為是真的；錯事幹順了，真覺得有便宜不占白不占；總覺得老老實實做人做事要吃虧，所以到處和人比著抖機靈。這樣的人從校園到社會，還有不少，誠信對他們來說不過是一塊光鮮好看的幌子，如同狼總想找張騙人的羊皮披上。從主觀心理上看，有的學生看到別人作假，便以為自己不做就是吃了虧。如中國人民大學社會學教授周孝正言：「外國人把講誠信當成一種行為習慣，中國現在談信用缺失，實質上是從小的守信習慣沒有形成。有一本書名字叫《命好不如習慣好》，主要闡述的就是對

社会学家 周孝正

孩子應當從小就有嚴格的紀律約束、教育其守規矩講信用。誠信弱化的表像也許只是一個人耍了個小聰明，而實質上是國人道德教育的一種斷檔和缺失。」誠實守信、遵紀守法從至高無上變成了可有可無，不值一錢。學生是國家未來的棟樑，今日作弊之風流行校園不挽救，明日不可挽救的將是整個社會。

助學貸款的遭遇

信用問題反映到現實社會生活中，最突出的就是個人信用問題。現在銀行大量發展私人信用、私人金融，為每一個個體服務，對於個人金融業務發展而言，首要的難題還是一個信用問題，比如助學貸款。這個勤奮的學生沒有錢，向銀行貸款，用什麼做保障？父母做擔保人是行不通的，很多農村學生的父母是農民，手頭基本沒有現金；拿未來就業後的收入做保障亦行不通，現在學生就業為自主行為，國家根本不管，也就沒有確切的在案記錄，況且有些學生畢業後並未走上工作崗位，三年不就業怎麼辦？五年不就業怎麼辦？助學買款遭遇不誠信，而且是受過高等教育的大學生們逃避還貸。在一些企業單位惡意逃避銀行數額巨大的貸款為世人驚歎的同時，學生們的欠債同樣也是觸目驚心的。

中國誠信報告

76

　　助學貸款自實施以來，銀行始終處於兩邊不討好的局面。一邊是學生們對繁瑣的辦理手續和一道道門檻表示不滿，另一邊是助學貸款的高違約率。工商銀行青島分行在青島開展助學貸款，承擔貸款業務占全市總額的70%以上。一段時間後進行統計分析，大學生畢業後到期應還款額的違約率高達27%。*1* 在撫順，撫順市石油學院獲得助學貸款的400多名學生中，到目前為止沒有返還應該返還利息的就有374名，占總數的90%。*2*

注1《誠信缺失嚴重，我市大學生助學貸款違約率高》，2003年11月19
日，《青島日報》。
*　　注2　王丹、寇俊松：《助學貸款：鏽跡斑斑的誠信車輪》，2003年7月10*
日，《瀋陽今報》。

　　高校連年擴招，申請助學貸款的學生數量每年以2%的速度遞增，僅以天津大學為例，2003年招收的貧困本科生人數占到了總人數的16%至18%；貧困研究生占到了30%，其中特困生占貧困生的20%。明年如果全部實行計劃外招生的話，數量還會再增加。*3* 要保證所有的貧困生都能圓了自己的大學夢，無擔保助學貸款的發放是不可或缺的。而這項國家支援的貸款業務一再遭遇實施時的各種阻礙，個中原因何在？

*　　注3　劉雁軍：2003年9月8日，《誠信評價——為貧困生撐起的一片無雨*

的天空》。

首先，政府指定的銀行都是商業銀行，商業銀行的運營本身就是以盈利為目的，誰也沒有為經濟困難學生提供貸款以保證他們完成學業的義務。為保障銀行利益不受損失，任何可能出現的商業風險都會讓他們警惕。這一點對於商業銀行是無可厚非的。

其次，學生畢業後的流動性極大，銀行根本無法掌握學生畢業後的走向，催還貸款工作十分棘手，有些同學領了四年貸款，畢業後北上南下，音訊全無，這貸款也就成了呆帳。還不還貸，很大程度上取決於學生的信譽度。我國目前尚未建立完善的信用體制，助學貸款中又沒有完善的擔保制度，銀行無法監督學生如期歸還貸款，出了事更別想找到學生家長或老師。

還有一些學生拿著貸款去高消費，這使得銀行對借貸資格要求更加嚴格。各大高校內都有這樣的「裝大款」風氣，沒有經濟收入的學生們，沒有錢，主意就動到助學貸款上了，有些還是師哥師姐們傳授的經驗：集體生活花錢多，一到月底就捉襟見肘，於是想辦法申請助學貸款，拿著家裡給的學費不交而向銀行貸，然後拿著學費和貸款一起高消費，國家制定助學貸款政策的初衷是扶貧而不是幫富，這樣的「活學活用」極大地傷害了銀行貸款的積極性。

受社會大環境的影響，部分大學生素質低下，缺乏誠實守信的良好品質，使得大學生群體的形象和聲譽受到了影響。信是人的基本品格，大學生助學貸款違約率攀高的原因與誠信缺失密不可分。個別學生在貸款過程中所表現出的個人信用危機令銀行和學校

吃驚，有家助學貸款經辦銀行，在審查學生提供的證明材料中，竟然發現同一「見證人」簽名的不同證明材料筆跡各異，銀行遂認定個別學生偽造見證人簽名，並將這一「見證人」見證的所有貸款申請駁回。學生、學校、社會急需建立一套信用機制來根本解決大學生助學貸款違約率攀高的問題。我們呼喚誠信，渴求守信，可以靠法律強制確立，依法打擊無誠信者；可以依靠社會的公共約定，讓大家都唾棄失信者；也可以依靠道德文化的薰陶，以教育手段提高做人的修養。一切都不是一朝一夕可以實現的，在社會誠信機制尚未成熟完善時，需要的是從現在做起，從每個人做起。

這樣的園丁能澆得好花嗎？

2002年，山東外事翻譯學院以100萬元人民幣的高額年薪，聘請到「具有國際影響的金融理論家、哈佛大學甘乃迪管理學院經濟管理博士」作為該院常務院長，使這位陳博士一舉成為目前大陸所有高校中年薪最高的校長。消息傳出，立即引起強烈反響，很多人對此驚人之舉表示歎服。但經過調查，人們卻發現這位「哈佛陳博士」有諸多可疑之處：沒有任何證明文件，「博士」經歷一團迷霧；新加坡還有個跟他同名的博士，誰真誰假甚是難辨。

簡歷上的陳博士，男，原籍中國福建，「1994年畢業於哈佛大學甘乃迪管理學院，為該院獲得博士學位的惟一華人，專業方向為經濟金融管理。此外，陳還擁有史丹佛大學社會學碩士學位和中

國科技大學物理碩士學位。曾就職於哈佛大學商學院、美林證券、美聯儲等機構，現為美國佛州一對沖基金公司副董事長。中國政府在海外聘請中國人民銀行副行長的入圍人選之一。具有國際影響的金融理論家。在哈佛大學期間，陳博士師從於諾貝爾獎獲得者羅伯特‧莫頓教授，從事資本市場、金融衍生工具和風險管理方面的研究。」

　　新任院長遇到了愛鑽牛角尖的記者。山東一家報社記者對陳的簡歷有所質疑，通過詳細的查找認證，中國科技大學的物理系碩士研究生的名單中查無此人，清華大學沒有發現該人的任何備案，中國人民銀行人事司幹部處有關人士告訴記者，確實有個姓陳的人多次給該行發來電子郵件，要中國人民銀行副行長的職位。但央行絕沒有給他任何答覆。央行準備向海外引進人才的工作根本還沒有開展；哈佛大學博士學位根本沒有姓陳的中國人報稱的專業方向，而諾貝爾獎獲得者羅伯特‧莫頓教授表示，根本回想不起來曾經指導過一個姓「Chen」的學生。面對質疑，這個花百萬請回來的「哈佛博士」聘期還不到50天，就被通知「解聘」，「光榮」下崗。*1* 低水平重複、粗製濫造、泡沫學術、假冒　偽劣、抄襲剽竊——這是北京師範大學副教授楊玉聖總結的教育界五大失範。*2*

　　　注1朱麗亞：《「哈佛伯是年薪百萬落戶辦高校」的調查》，2002年6月26日，新華網轉載。

　　　注2　《學術腐敗為何猖獗，北大博導剽竊事件三點反思》，2002年1月23

日，新浪網新聞頻道。

　　2002年1月，國家自然科學基金委員會首次向媒體公佈了學術界「打假」成果：2001年一年，該委員會共收到學術腐敗造假的舉報76件，其中舉報內容涉及抄襲和剽竊他人成果10件、弄虛作假13件、專家評審不公20件、以同一內容重複申請2件、濫用科學基金經費7件、冒名申請4件、受資助單位及委內管理問題等20件。經調查組核實，對有關人員或單位提出通報批評或內部通報批評8件，取消科學基金專案申請資格3件，追回科學基金資助經費2件。基金委還公佈了一些較爲典型的案例，如分別於1989年和1995年申請國家自然科學基金並獲得資助的東南大學教師夏某和內蒙古工業大學教師劉某，被人舉報曾與他人一起，抄襲文章以自己名義發表，並且標注國家自然科學基金資助，根據有關規定，給予通報批評，並分別取消其3年和2年的國家自然科學基金申請資格；一位博士生導師因爲弟子抄襲他人論文而承擔管教不嚴之責，被給予內部通報批評。1

　　注1曾偉：《中國科學基金委首次公佈2001年學術腐敗案件》，2002年1月15日，《北京青年報》。

　　學術腐敗，是近年來新生的熱點辭彙。一些人從事科學研究急功近利，爲了評獎評職稱而營私舞弊弄虛作假，搞權學交易、錢學交易，濫發文憑，博士碩士的帽子滿天飛，有的人連本領域的常識都說不出來，卻會拿著高學歷的大帽子嚇唬人、爭待遇、做資本。北方的一座城市準備花鉅資爲某高校建造一座「高知樓」，後因本校一位教授因剽竊他人學術成果而東窗事發，再加上有關部門查假文憑，查出一大幫與該校有著千絲萬縷聯繫的始作俑者，「高知樓」還在設計階段就改作了適合普通工薪階層居住的商品房。大凡學而優者，除入仕外，總想著作等身，文憑遞增，以此證明自己的眞才實學。但是，恰恰有那麼一些人，爲了達到各種目的，不惜通過各種手段爲自己臉上貼金。講師想晉升教授，於是捏造個博士文憑；教授想應聘校長，於是捏造個海外留學履歷；校長是學校最大的官，沒得想了便惦記起學校的公款，怎麼挪用怎麼享用。

　　教育界的失信腐敗暗流已匯聚成河，漸漸浮上地表，爲人矚目。翻開報紙讀新聞，《合肥名博導抄襲外國論著，學術地位竟是抄出來的》、《傑出青年科學基金候選人剽竊論文被除名》、《重慶西南師範大學一教授連遭剽竊指控》、《湖北學術腐敗不斷，高校這片淨土要守住》、《學術腐敗現象舉隅：假冒僞劣論文滿天飛》、《學術腐敗形形色色，到底是誰玷污了象牙塔》——教育界這樣那樣的新聞曝光月月有，週週有。2003年一年，光是因經濟問題鋃鐺入獄的大學校長就有好幾個：江蘇省南通市技工學校原副校長貪污公款百萬元被判處有期徒刑18年；首都經濟貿易大學原

副校長因受賄20萬元被判處有期徒刑11年；山東省惠民縣衛生學校校長因犯貪污、受賄罪，被判處有期徒刑二年。

「師者，傳道授業解惑也。」學為人師，行為示範，教師的日常工作非常平凡，教書育人的責任卻極其崇高而神聖，教師的言傳身教對孩子們的成長具有決定性的影響。學校亂收雜費，教授抄襲著作，老師編假文憑——有人把孩子比作祖國花朵，老師就是澆灌培育小苗的園丁。園丁們從我做起帶頭說謊，不誠實不講信用，花朵們何談接受良好的道德教育、素質培養，何談誠信品格的形成？

提高到教育的本質問題來認識教育腐敗的根源，教育群體和學者群體中出現的職業道德危機、道德淪喪、個人精神危機和墮落乃是根源。遏止和根除學術腐敗，除應寄望於學者在職業道德上進行嚴格的自律外，別無其他良藥。

第三章
醫藥之患

　　噴水和浸泡就是爲了增加藥材的份量，而用硫磺燻製則是爲了保持藥材中的水分……

　　即將被做成名貴藥品鹿胎膏的羊胎，味道難聞，已近腐爛，有的還有臍帶和糞便……

　　大半年之前生產的價格在10元左右的「不明身份感冒藥」，被員工用手從原包裝裡剝出來，然後重新包裝，再打上新的日期……

　　掏垃圾的人只對混在其中的醫療垃圾非常有興趣。污穢的廢針管、輸液袋，還有殘留著血漬的輸血袋，這些塑膠製品都是他們選擇的對象……

注水的瘋狂

　　教育界不誠信帶來的結果是誤人子弟，談到醫療談到藥，其中的貓膩，弄不好就是人命關天。沒有什麼能比人的生命更為可貴，無論達官貴人或是平頭百姓，誰不渴望身體健康，長命百歲？一些無證庸醫、假藥販子就看中了人們這種「有什麼別有病」的想法，信奉「沒什麼別沒錢」的教條，發起人命財。

　　玉林市位於廣西省東南部，這裡的中藥材專業市場是我國十大中藥材批發市場之一，有經營戶1000多，中藥材銷售輻射全國30多個省市自治區。注水的豬肉、注水的牛肉大家都聽說過，不稀奇，你聽說過注水的中藥嗎？就在這個大型藥材市場，這裡的中藥材就講究「注水」，同時還要經過一道特殊的工序——硫磺燻製。中藥材有種特殊味道，一般藥材多的地方都是藥香撲鼻，可玉林的這家市場卻是刺鼻的怪味——硫磺味。

這家藥材市場的藥材來源就在玉林當地。距玉林市中藥材市場兩公里開外，這一帶有大大小小的中藥材倉庫200多個。噴水

和浸泡就是為了增加藥材的分量，而用硫磺燻製則是為了保持藥材中的水分，各家中藥材加工點都這麼幹。藥材顏色好看，賣的價錢就高。以百部為例，沒有燻過的百部一公斤才賣四塊六毛錢，用硫磺燻過後能多賣一塊錢，再加上增加的水分，每公斤能多掙一塊五毛錢。

注水的手段相對簡單，水是個好東西，發黴腐爛的劣藥惡臭撲鼻，經水一洗，不但整飭如新，而且分量大增，玉林這裡的藥廠，很多工人每天不幹別的，專門就拿著水槍往藥材裡噴水。燻硫磺的過程相對複雜，得把要燻得藥材堆成一堆，撐起支架，扣上塑膠大棚，四五公斤硫磺倒進臉盆，點燃，端進倒扣著的塑膠大棚，硫磺燒出來的煙就能燻藥材了，什麼乾巴巴難看的藥材經硫磺燻過後，都鮮靈靈好看得很。藥廠大量需求硫磺，甚至養活了當地好幾家化工商店，這些化工商店就設在藥廠附近，靠著硫磺就能每年有不錯的收入，大有一人得道，雞犬升天之勢。

硫磺是一種化工原料，燃燒後會產生有害氣體二氧化硫。我國糧食衛生標準中規定，二氧化硫含量不得高於10mg/kg，目前我國中藥材還沒有國家標準，如果參照糧食標準，這些中藥材二氧化硫含量最低的超過了19倍，最高的超過了120多倍。

超標這麼嚴重，難道就不怕消費者吃壞了身體出事？藥材市場裡的老闆們自有高論：這有什麼害，沒什麼問題。做饅頭也要用硫磺燻，你以為饅頭裡沒有硫磺啊，不燻味道就不好吃！我的藥你放心吃好了！

第三章　醫藥之患守之下患

87

「非典」假藥

2003年春，「非典」肆虐。

在亳州市附近的十九裡鎮湯莊、後郭莊等地農村，除了和全國其他地區一樣，大家都留心預防「非典」之外，還多了一件新鮮事。往年堆滿了房前屋後，被當做柴火燒的辣椒稈、茄子稈，今年卻成了當地農民賺錢的寶貝。村裡人說，前不久來了許多陌生人，挨家挨戶高價收購辣椒稈、茄子稈，把附近方圓幾十裡農村的辣椒稈、茄子稈幾乎買光了。現在，就是出再高的價錢，也買不著。一聽說賣辣椒稈、茄子稈的價錢比賣豬肉還要高，這村的農民個個樂開花，作柴火燒的菊花棵子賣到10塊錢1公斤，這跟天上掉餡餅沒什麼區別。

據村民們講，往年很少有人來村裡收購辣椒稈，家家戶戶的辣椒稈、茄子稈燒都燒不完，誰曾想今年遇上這樣的好事。難道這些辣椒稈、茄子稈除了作柴火燒外，還能派上更大的用場嗎？中央電視台《每週質量報告》節目就此事前往採訪，面對記者的疑問，村民們三緘其口避而不答，顯得諱莫如深。

被高價收走的茄子稈實際上被運到了離亳州市不遠的一個村子裡，記者前往採訪時看到，工人們正熟練地把乾枯的茄子稈送進切割機裡切碎。由於茄子稈上的泥巴太多，操作時塵土飛揚。茄子稈切碎後，就被簡單地過了一下篩。一些粗大的茄子稈切片被倒在一邊，細碎一點的茄子稈切片則被工人小心地收集起來裝進準備好

的編織袋裡。

這些加工好了的茄子稈切片到底用來做什麼呢？在記者的再三追問下，這個中藥加工點的工人終於說了實話：乾枯的茄子稈、辣椒稈或者菊花稈，它們的顏色、形狀、模樣以及質感都和預防「非典」中藥中的藿香很相像，把茄子稈、辣椒稈等切碎了，然後悄悄地摻在藿香切片裡面，能賣好價錢。

為保險起見，辣椒稈或者茄子稈等摻假材料加工好了後，藥商就會把摻假材料拉到倉庫或家裡，當需要發貨的時候，再在倉庫裡按不同的比例摻在真正的藿香裡。在當地，許多藥商的倉庫就設在鐵門緊閉的家裡。

在全國最大的中藥材交易市場之一的亳州中藥材交易市場，情況更讓人瞠目結舌，大量摻了假的「藿香」竟然就在市場內公開叫賣。這裡摻了辣椒稈或者茄子稈切片的「藿香」，只要能賣出去，按當時的行情價格，每公斤能多賺十三塊錢以上，走一批貨，量大的話，單藿香這一項就能多賺好幾千元。《每週質量報告》的節目中播出了這樣的對話：

記者：誰來買這個摻好（假）的比較多？
店主：外邊來買的，基本上都要買摻好的。他買正品也能交掉，買這個（摻好假的）也能交掉，當然買價格便宜一點的東西。
記者：這種（摻假）方法什麼時候發明的？

店主：沒有「非典」的時候，這種（摻假）藥就已經在賣了，可以說，幾年前，我們亳州人就用這個方法賺錢了。不過這些日子據說有個藥方能治「非典」，我們的藥現在特走俏。

俗話說，沒有金剛鑽攬不下瓷器活，來這裡買藥材的採購人員，都是辨別中草藥的行家裡手。按道理，摻了假的藥材，根本就瞞不了他們，然而，這位店主坦白地告訴記者，雖然交易市場裡銷售的「藿香」切片，大部分已經被做過了手腳，但很多採購員偏偏就喜歡買這些摻了假的藥。

記者：市場裡面賣的這個飲片，都會有假？
店主：對，飲片摻假的多。
記者：飲片這麼多假的，怎麼賣得出去？
店主：有認便宜的，他認為這個東西便宜，就買這個東西，便宜。他買貴的，交不出價錢（賺不到錢）。認便宜的，明知道有（假），他也還要。他們進藥，就是藥房裡來進的話，多少扣（回扣）。比如說吧，這個藥（賺）100塊錢，40扣或者60扣怎麼樣，賺了100塊錢，我得40，他得60，或者我得60，他得40，就這樣的，回扣。

在亳州中藥材交易市場，賣假藥和買假藥在這裡已經成為公開的秘密，假藥材交易就在市場工作人員的眼皮底下公開進行，不僅如此，每層交易大廳都有工作人員專門為假藥開具正規的交易發

票。

> 開票員：買假藥想開好價錢，可以、可以！
> 記者：交易市場不管嗎？
> 開票員：這不管，只要你有發票就可以出去。

就這樣，摻了假的中藥大模大樣地出了市場，進入大大小小的醫院和藥店。常年從事藥材採購的湖北某市中醫院中草藥採購員這樣透露其中的內幕：採購員只要和藥房搞好了關係，買進假劣藥材，用不著擔心會出問題。醜話說回來，（藥）是真的、假的，只有我們進藥的人心裡曉得，管藥房的人心裡曉得，賣藥的知道，把藥切碎了，誰曉得。哪個消費者知道這藥是假的，他拿回去煎了喝，沒傷害身體，誰會懷疑？喝茶一樣。

「非典」盛行的那幾個月，商店門庭冷落，藥店裡的人卻摩肩接踵。在離亳州市60多公里遠的渦陽縣縣城，這裡的中藥房生意不錯，預防「非典」的中藥尤其暢銷。《每週質量報告》的記者以消費者的身份在一家醫院和一個藥店買到了同樣分量的藿香、佩蘭等常用中藥。

> 記者：這藥都是從哪兒進的？
> 某醫院藥劑師：我們都是從亳州那個藥材交易市場進的，藥都是從那兒進的。
> 記者：沒問題吧，這都是防「非典」的藥。

　　某醫院藥劑師：沒問題，這都沒問題，放心用，這是單位，又不是個人小診所。

　　中國中醫研究院中藥研究所的專家對從亳州中藥材交易大廳以及從渦陽縣買到的這些中藥進行鑑定後發現，從亳州中藥材交易大廳所購得的3種「藿香」樣品中，都不同程度地摻雜了辣椒稈或茄子稈等柴火料切片；從渦陽縣某藥店買到的這包「藿香」，摻假最為厲害，真正的藿香只有十分之一左右，九成左右竟然都是假的。摻假藿香入藥後，不但發揮不了這個方子的療效和它的基本作

用，甚至很可能會產生一些毒副作用和不良反應。

　　老一輩人一定還記得，半個世紀前的抗美援朝時期，上海、天津等地的不法商人向志願軍官兵提供劣質藥品、軍用紗布、戰場

急救包，結果被政府下令殺了一批、重判了一批。從此以後到戰爭
結束，再也沒有哪個商人敢拿身家性命做賭注，黑著心發戰爭財。
造假藥、發人命財，其惡劣性質與其有何不同？造假藥者黑心，而
藥廠採購員置病患者生命於不顧，爲求差價無德無道謀私利而誠心
買假，更爲人不齒。

掛鹿頭，賣羊肉

　　鹿胎膏是一種有著上千年歷史的名貴補藥，它對調節人體免
疫力，滋陰補陽都有著非常好的效果。鹿胎膏，當然是用鹿胎做主
要原料的，可是鹿胎膏怎麼又和羊掛上了鉤呢？2003年，記者曾
對遼寧省通化市藥材市場銷售僞劣鹿胎膏進行了暗訪和曝光。

　　通化市面積不大，但卻有三四家大型藥材市場。每家市場裡
都有人出售假冒僞劣的鹿胎膏。電視台的記者將攝像機放在手包
裡，裝作買藥人到處走走看看，打聽詢問。這些賣藥的都是知假賣
假，心裡也很清楚假鹿胎膏的危害，以及出售假藥的違法性質。所
以他們是萬萬不可能接受公開採訪的。但面對「同一條道上的」買
假藥的人，藥販子們的警戒心低了很多。

　　爲了搞清這些廉價鹿胎膏是怎樣生產出來的，記者幾經周折
來到一位姓魏的老闆的店中。據介紹，這個店是通化規模較大的鹿
產品加工和經銷點。老闆熱情地向我們介紹優質的鹿胎膏，經過攀
談，又拿出了幾塊價格低廉的劣質鹿胎膏進行推薦。記者詢問起這

些廉價劣質鹿胎膏的生產經過。這位老闆不加掩飾：便宜鹿胎膏都是在原料上做手腳，把鹿胎換成別的東西。大部分都是用鹿的內臟，把裡頭剖開，裡面的瓤子就賣給藥廠做鹿胎膏了。

其實這種做法也不是最省錢的，很多地方加工的鹿胎膏，其實根本就沒有鹿胎的成分，而是以羊胎為原料生產。那麼羊胎到底是如何「巧手製作」變成鹿胎膏的呢？老闆告訴記者，想看製作過程就第二天來。於是第二日清晨，這位記者再次登門，看到了用來製作鹿胎膏的羊胎。即將被做成名貴藥品鹿胎膏的羊胎，味道難聞，已近腐爛，有的還有臍帶和糞便粘連。老闆看著羊胎上的糞便，沒有一點要把它清除的意思，反而還笑著告訴記者，這些都不能浪費。製作鹿胎膏需要好幾天的時間。兩天後記者再次登門，前幾天的那個羊胎已經被他烘烤成了乾胎，一點羊胎的樣子也沒有了，味道也消失了。

熬膏用的中藥都是小藥店淘汰的藥渣和下腳料，為了使羊胎加工的鹿胎膏更加像真正的鹿胎膏，造假者大量用蜂蜜作調色劑，不僅使「羊胎膏」在色澤上更像鹿胎膏，而且還可以增加「羊胎膏」的黏稠度。浸泡過程更加噁心，羊胎粉的腥臭味引來大量小飛蟲，許多淹死在水裡。工作人員把浸泡羊胎粉的水倒進容器後用力攪拌，就這樣在經過一段時間的熬製，以羊胎為原料的「鹿胎膏」生產大功告成，加上包裝就可以上市了。

在別家假鹿胎膏廠的暗訪過程中，有一位老闆還告訴記者，生產鹿胎膏的原料除了有羊胎，還有一些是死因不明的小鹿。就這

樣，這些不知死因的所謂的「毛胎」也堂而皇之的成了鹿胎膏的原料。

　　鹿胎膏是用於治療各種婦科病的特效藥，而它的這種特殊的療效很大程度上是來源於鹿胎這種特殊原料的藥用價值。眞正的上品鹿胎通常是殺了母鹿才能取胎的，這樣等於是兩隻鹿的價錢，鹿胎膏的珍貴性就在這裡。上品鹿胎膏，有很好的滋補作用，補氣補血，還有壯陽的效果。而假冒僞劣鹿胎膏，非但沒有任何療效，在簡陋惡劣的製作加工環境中還可能沾染上各種細菌，禍害無窮。

　　利慾薰心的假藥生產銷售者，眼睛裡只有鈔票，怎能看得到消費者因假藥而致殘、致死的嚴重後果。鐵肩擔道義，曝光這種嚴重危害人民生命財產的欺詐行爲，是記者的責任。

老黃瓜刷綠漆

　　雙鶴藥業，中國高新技術企業和中國首家通過GMP認證的醫藥公司，藥業綜合指標名列中國醫藥類上市公司第四位，綜合經濟指標躋身中國企業500強，旗下擁有北京降壓0號、利復星、奧復星、溫胃舒、養胃舒、清朗感冒藥、北京蜂王精等著名產品，是中國藥業著名企業。2003年「非典」流行時期，雙鶴制藥股票曾經漲幅達到50%，然而半年後的2003年11月10日，代碼爲600062的雙鶴藥業股票突然停牌。上海證券交易所在當天的媒體採訪中披露：雙鶴藥業股份有限公司存在有重大事項未予公佈的問題，決定其股

票停牌一天。1

注1《股市100個不能放心之十：雙鶴藥業能不受影響嗎？》2003年11月11日，搜狐財經。

事情得先從清朗感冒藥談起。「清朗」是雙鶴藥業近年推出的新型感冒藥，在藥店出售的「清朗」外包裝盒上，標示著該藥具有以下特點：配伍科學，作用全面，對普通感冒和流行感冒均有較好的治療效果。不僅含有解熱、鎮痛、抗炎、抗過敏的成分，還配伍針對病因的抗病毒藥物。所以「清朗」可以治療感冒，還可用於流行感冒的預防。而更有意思的一句是：「雙鶴藥業優良的品質保證、GMP 認證企業，完善的質保體系，新型的複合雙鋁包裝，避免光、熱等外界環境對藥品質量的影響。」

雙鶴之禍，禍起「清朗」。此事緣起於2003年11月8日，《現代快報》記者發表的一篇文章《雙鶴藥業華東基地大造「問題藥」》：

大半年之前生產的價格在10元左右的「不明身份感冒藥」，被員工用手從原包裝裡剝出來，然後重新包裝，再打上新的日期，便可堂而皇之賣給消費者。令人震驚的是，這樣的事竟與著名的上市公司——北京雙鶴藥業的下屬廠家昆山雙鶴藥廠有關。11月6日中午，暗訪的快報記者在昆山雙鶴藥廠的車間裡親眼目睹並拍下了這一幕。

昆山的知情人士告訴記者，這家雙鶴藥業公司是將今年元月份生產的清朗感冒藥片剝出來，然後重新包裝，打上9月份、10月份甚至更後的日期，然後賣給病患者。據稱，更改生產日期的清朗感冒藥大概有5100多箱，包括退回來的600箱。採訪中，記者也拿到了一些證物，包括1月29日生產的「清朗」，也就是老藥。這是一個什麼藥呢？這個老「清朗」使用的批文是京衛准字型大小（1996）第101040號，批號為0301292。重新包裝過後的「清朗」又是什麼樣呢？記者在一盒生產日期為2003年9月8日的藥上看到，生產批文已改為國藥准字型大小H11022197，批號已經為0309081，生產企業變成了「北京雙鶴藥業股份有限公司委託昆山雙鶴藥業有限責任公司製造」。過去藍色的OTC現在變成紅色的了。11月7日下午，記者與北京雙鶴藥業取得聯繫，證實昆山雙鶴是在今年3月底才取得委託製造「清朗」的認可的。而此前昆山雙鶴就已具備生產這種感冒藥的能力，並已有生產。知情人士告訴記者，這些新「清朗」裡面其實還是剝出來的老藥片。只是生產日期變了，而且有效期也相應從2004年推至2005年。老藥之所以肯定沒有銷毀，而是重新換了包裝，理由有兩個，一個是9月份，昆山雙鶴藥業有限責任公司並沒有生產，例如生產日期為2003年9月8日就根本是子虛烏有。

據瞭解，該公司的員工從9月份到現在，每天都在剝藥片，每人都要剝幾箱，有的員工指甲都剝壞了。另據瞭解，每箱有200小盒，每一小盒有12片，也就是說剝下來1224萬顆藥片，然後重新包裝。

　　11月7日下午5點多，快報記者將此情況向蘇州市藥品監督管理局舉報。緊接著，記者與蘇州市藥品監督管理局、昆山市藥品監督管理局一起出動，立即對昆山雙鶴藥廠的生產車間進行了突擊檢查。11月7日晚上6點左右，記者與蘇州市藥品監督管理局的稽查人員趕到位於昆山市玉山鎮花園路993號的昆山雙鶴藥業有限責任公司，蘇州市藥監局負責稽查的陳建民副局長也已趕到了現場。昆山藥監部門的工作人員已將整個廠區封鎖起來。據昆山藥監局的工作人員介紹，他們進入現場的時候，工人們還在剝藥。

　　「老黃瓜刷綠漆」，這句話流行於巷間，多用來挪揄中年婦女化妝成妙齡女郎，而變過期藥品為合格藥品出售，差不多也可以套用此話。中年婦女裝扮成二八妙齡，愛美心理得到滿足的同時倒也別無他礙，至多會在大街上嚇人一跳。而重貼了生產日期的藥品，這層綠漆刷得有毒，刷得有害，其利害關係不可同日而語。藥品的質量事關人民群眾的生命安全，加之清朗感冒藥還與全國防治「非

典」工作有關，蘇州的這條新聞立即引來全國新聞界的關注。

　　媒體對於失信企業的虛假行為一旦報導，輕則減產，重則倒閉。2001年，南京冠生園生產「陳餡月餅」遭媒體曝光後激起公憤，最終被迫走上破產之路，而且受此事件的影響，這一年全國的中秋月餅銷售猛降四成。冠生園的歷史遠比雙鶴更悠久，冠生園的品牌

比雙鶴的品牌更加深入人心。僅僅因爲失信於民，冠生園很快倒下。昆山雙鶴生產的「問題藥」──清朗感冒藥，雖只是其幾十個控股子公司裡生產的分支產品之一，但這不也是一種失信於民的表現嗎？財經界分析人士指出：「儘管雙鶴藥業的董事長喬莖峰希望廣大消費者不要因此造成誤解，認爲雙鶴其他的藥品也有問題，但對於雙鶴藥業這種失信於民的做法，廣大的消費者能諒解嗎？誰能保證廣大的消費者不因此而抵制所有的雙鶴牌藥品呢？誰能說出雙鶴藥業的『問題藥事件』與當年南京冠生園的『陳餡月餅事件』有什麼本質的不同？」

醫療垃圾是怎樣變成食用器皿的

廢舊物品回收再利用本來是一件利國利民的好事，但是，誰能想到，國家明令禁止回收再利用的醫療垃圾居然也被某些人拿來再生，而且被用來製成食用器皿。北京長烽醫院後樓的垃圾堆放處，每天早晨六七點鍾，總有一些掏垃圾的人在這裡挑挑揀揀。掏垃圾的人對生活垃圾根本不予理睬，只對混在其中的醫療垃圾非常有興趣。污穢的廢針管、輸液袋，還有殘留著血漬的輸血袋，這些塑膠製品都是他們選擇的物件。

掏夠了垃圾，這些人的下一站就是北京板井路彰化村廢品收購站。這是一個大型的廢品收購點，來自北京各地的廢品都集中於此處。眾多收購攤點的塑膠廢品堆中，都不同程度的摻雜有輸液瓶

和廢舊注射器。可見匯集到這裡的醫療垃圾決非來自一兩家醫院。

攤主們只關注收購的廢品是否是塑膠，而對這些廢品是不是醫療垃圾卻毫不在意。而這些醫療垃圾還能賣出一個很好的價錢：輸液器回收兩毛錢一個，注射器兩塊錢一公斤。如果再慢慢跟他們攀談，他們還會告訴你，這裡拖廢品的顧客一般都開卡車來，大多晚上從北京的各個廢品回收站出發，第二天一早趕河北文安的早市出售。

河北省文安縣尹村是我國北方處理廢舊塑膠最大的交易市場之一，尹村廢舊塑膠交易市場幾乎家家既是廢品收購站又是廢料加工點，因此吞吐和消耗量都非常大，每天在市場上交易的廢舊塑膠達到上百噸，在這裡流行著一句話：「尹村沒有處理不了的廢塑膠，也沒有賣不掉的廢塑膠。」

在文安縣境內，路邊的注塑廠和收購站，一家連著一家，非常密集。收購站收購上來醫療垃圾等塑膠廢品後，就地分揀挑選。廢舊針管、注射器一般材料較好，是聚丙烯的，可以賣到每噸4000多塊錢，屬於廢塑膠中的「好料」，很多的食用器皿，從醬菜桶子、裝水的桶子、裝酒的桶子到飲水機的專用水桶，注射器經過加工再回爐，樣樣皆能做。

所謂的加工就是要經過兩次粉碎和清洗，再經過晾曬，又被當地的塑膠製品廠買去加工成成品。當地的塑膠製品廠和廢品收購站已經形成了生產一條龍，工人將粉碎的醫療垃圾顆粒加到注塑機中，粉碎以後與一半好料混合起來，一個個用來裝食品的器皿就像

模像樣生產出來了。

　　醫療垃圾可能存在傳染性病菌、病毒、化學污染物及放射性等有害物質的問題，具有極大的危害性。在國外被視爲「頂級危險」和「致命殺手」，而我國的《國家危險廢物名錄》也將其列爲1號危險廢物。按國家明文規定，醫療垃圾必須採用「焚燒法」處理，以確保殺菌及避免環境污染。極少數利欲熏心的人利用醫療垃圾，牟取私利，嚴重危害著人們的健康。

　　如上這些僅僅是醫藥衛生相關領域內幾則過於招搖的案例。雖然這些不法行爲，我國都有相關的法律條文明令禁止，然而國法當頭，紅燈高懸，違法者卻仍敢鋌而走險。我們要面對多少假貨？要提防多少造假陷阱？敢造假藥，無異於間接草菅人命，有人痛斥：「除了騙子是眞的，一切都是假的！」

第四章
金融「魔術」

　　步鑫生、馬勝利、牟其中，在媒體密集轟炸式的宣傳中，新星形象冉冉升起……

　　然而時隔不久，這些新星又一個個像一劃而過的流星般，在人們視線裡消失了……

　　一國總理為了會計問題自毀承諾……

　　唯一慶幸的是至今沒有「犯事」，現在辭職，也算是全身而退了……

　　不管企業「爛」到什麼程度，會計都可以做出「盈利」來……

　　開著寶馬賓士的大客戶，來這裡一買就是一百萬的假發票……

　　用養大一頭豬一樣的時間把信任「養大」，然後在春節前像殺豬一樣「屠宰信任」過個肥年……

英才沈浮

2003年夏，《誠信中國》攝製組爲配合拍攝需要，曾對國內部分知名廠商、企業家進行了一次匿名問卷調查。問卷下發共50份，經統計，回收問卷50份，其中無效問卷4份，實際回收問卷46份。如下是這次問卷的選擇題部分（各選項後括弧內爲中選比例）：

1. 您的企業在各種業務往來過程中，是否遇到過不誠不信、虛假欺騙等事件？
   A. 遇到過（71%）
   B. 沒有遇到過（29%）

2. 據您認爲，近年來國內關於誠信缺失的問題呈何發展趨勢？
   A. 發生的問題越來越多了，大幅度增長（12%）
   B. 發生的問題比以往有所增加，但幅度不大（55%）
   C. 發生的問題比以前減少了，在向好的一面發展（15%）
   D. 既無增幅也無減幅，問題一直存在（18%）

3. 就您認爲，如下哪個形容能夠貼切反映我國經濟領域目前存在的誠信方面問題？
   A. 誠信在不斷缺失（21%）
   B. 誠信所剩無幾（18%）

C.誠信危機（58%）

D.已沒有誠信可言（3%）

4.時下會計行業有句流行語：「不作假帳沒人要。」您怎樣看
待會計師們這句話？

A.作假帳是普遍現實，各個公司一般黑，不足爲奇（31%）

B.作假帳確實存在，但並不具備普遍性（58%）

C.作不作假帳屬於會計的個人原則，跟其他問題沒有干系（7%）

D.我個人認爲 _____（4%）

5.在您企業的商業運作中，是否遭遇過作假帳的事情？

A.就我所知，企業內部帳務、對外各種報表均無假帳（69%）

B.就我所知，對外報表無假帳；企業內帳務有過虛報假報現
象（16%）

C.就我所知，曾有過對外虛報假報帳務行爲；內部並未發現
過虛假帳務（15%）

6.您的企業在商務運作過程中，是否有國內信用評估公司（或
機構）爲貴企業做過企業信用評估？

A.做過（66%）

B.沒有做過（34%）

7.對於爲您進行評估的國內信用評估公司（或機構）而言，您
對該公司（或機構）本身的信任有多少？對於他們做出的評

價結果，作何評價？

A.完全相信他們的工作是符合國際標準的（32%）

B.國內信用評估起步晚，不完全相信評估公司本身完善性及其評估結果（42%）

C.無所謂信任與不信任。信用評估只是走走形式，談不上重要（21%）

D.我認為 ⸻（5%）

8.所謂「無商不奸」。您怎樣看待這個自古流傳至今的說法？

A.自古至今，沒有不奸詐的商人。這是事實（27%）

B.有奸商存在。但並不代表所有商人都如此（31%）

C.沒有誰存心想欺詐牟利。是商界殘酷現實逼得人不得不成為奸商（21%）

D.其實不僅僅是商業方面，任何行業都有欺詐存在（21%）

　　此問卷涉及企業對外業務交往、財會帳務、企業內部建規立制、企業信譽度、市場信用體系等等問題，問卷調查物件的企業家們涉及金融、家用電器、食品等多個領域，71%的企業家都表示，近一年來曾經遭遇過商業往來中的失信事件，而且普遍感覺失信問題在商業經濟往來中是存在的。

　　放下問卷思索，這些企業家們都是今日馳騁商界的無敵手，運籌帷幄的同時，字裡行間滲透著的是一種呼聲：保護既有果實，杜絕交易欺詐。

　　「中原之行哪裡去，鄭州亞細亞」，這句風靡全國的廣告詞，著實給沈寂多年的傳統商業吹來了一股清新的春風。短短十年間，「亞細亞」人努力營造著從商場到集團，從集團到「連鎖帝國」超高速擴張的夢想，一系列以野太陽為標誌的大型商廈在全國各地拔地而起，鄭州「亞細亞」創造了一個又一個商戰「奇蹟」。然而，也仿佛就是在昨天，「亞細亞」連鎖店紛紛陷入泥潭的不幸消息隨即傳來。人們不能相信，一個商業巨人的倒下竟是如此迅速。

　　現實是殘酷的：廣州仟村百貨、成都仟村百貨關門大吉，曾

仟村百貨商場大门景观

在北京市創造了日銷售額400萬元奇蹟的北京仟村百貨商場也因經營不善、拖欠銀行債務，部分資產被拍賣……在海南投資的亞細亞大酒店開業不久即告停業倒閉。

　　像「亞細亞」這樣急劇擴張又迅速衰落的悲劇並不鮮見。時隔4個月，媒介又傳出消息，石家莊市造紙廠因經營不善，已於1996年底宣告破產，馬勝利提前退休。10年前這位轟動全國的「馬承包」在石家莊市造紙廠歷史上寫下過輝煌，如今企業又經他的手走向破產。

　　鄭州、河北，這些創業之星黯然墜落了。而與此同時，在廣

東東莞，另一顆新星正冉冉升起。著名的打工皇帝段永平，因經營理念存在分歧，單槍匹馬離開了他一手培植起來的「小霸王」，重打補丁新開張，正在努力經營自己的新品牌——「步步高」。短短8年後的今天，平地上立起來的「步步高」已成為中國的新霸王，而「小霸王」卻已過早退出了歷史舞台。從一文不名的書生到打工皇帝再到企業家，段永平的經歷著實令無數白領打工仔們競折腰。如段永平在許多場合強調過的：無論是當初的「小霸王」，還是今天的「步步高」，成功的經驗就在於：由始至終守住本分。守住一個信字就守住了江山。在一次媒體的採訪中，段永平發表了自己對本分和守信的詮釋：

广东步步高集团董事长 段永平

企業的本分首先是企業家的本分，這是企業家必須具備的基本素質。本分體現著企業家的道德風範，有自己的原則。有些生意哪怕再賺錢，如果違背做企業的原則，那就不應也不能去做，否則內心會受到道德的拷問，客觀上也會破壞自己的形象，給企業將來的發展造成不利的影響。其實所有的企業一些基本的原則都是相同的，比如保證產品的質量，比如守信用等，關鍵是能不能堅持。就拿信用來說，誰都知道應該遵守，但關鍵要看一旦要付出代價時能不能

做到。舉個簡單的例子，向別人借了錢，還錢是應該的，這跟以後要不要再借沒有什麼必然的聯繫。而有的企業不是這樣，他們把講信譽變成了一種手段，因為我還要跟你打交道，所以我就講信譽；如果我以後不再跟你做生意了，就會找各種理由賴帳，這就是不夠本分。步步高有許多員工也曾經問過我，現在講信譽的人已經不多了，為什麼我們還在堅持？我反問他們，現在是我們好，還是不講信譽的人好？大家說，當然是我們好。我說，那為什麼我們還要羨慕人家？從表面上看，「闖紅燈」能夠占些小便宜，但本分最終卻能占「大便宜」——獲得消費者對你的信賴。

企業的建造好比蓋房，不講誠信，無異於沙灘上建大廈，早晚有倒塌的一天。企業圖發展靠的是消費者，若要獲得消費者的忠誠，你就必須是真的很本分，過去、現在和將來永遠都不騙人，靠一時做秀是不行的。步步高的產品比同類產品價格高了10%，但銷量一直很好，為什麼？因為我們始終堅持寧願失去一個客戶，也絕不會去騙人的原則，這個原則就是本分。而守住這個本分，企業就會慢慢地發展起來。

20世紀80年代到90年代，中國經歷著一個重要的歷史轉折。那時的人們還沒有完全從樹典型、立標兵的高、大、全形象宣傳中擺脫出來。步鑫生、馬勝利、牟其中，在媒體密集轟炸式的宣傳中，新星形象冉冉升起，為中國的企業和經濟改革增添著色彩。他們的成功經驗很快被人們廣泛學習和效法。然而時隔不久，這些新

第四章 金融「魔術」

星又一個個像一劃而過的流星般，在人們視線裡消失了。媒體和經濟專家們紛紛對這些消失的流星再次展開密集轟炸，全方位多角度分析其失敗原因的筆墨，完全可以和當初宣傳他們成功經驗的筆墨等量齊觀。這些分析可以說都是十分中肯的，然而，所有分析恰恰都忽略了一個最基本的問題，那就是誠信因素。在市場經濟還不完善的時候，誠信在人們的頭腦中一直隸屬於道德範疇，沒有人意識到，誠信除了屬於道德範疇外，同時也深深影響著經濟領域。對企業而言，信用更是一種重要資源。

信用資源是企業的一個新型的戰略資源，過去我們一講到資源，比較多的講到金融資源、人才資源、技術資源，但是信用也應該從的資源的角度去看待它。信用資源，可以看成是一種潛在的資源。

2003年夏，中國市場信用論壇研討會在北京大學召開。與會專家、學者對市場交易中的信用問題展開了詳細深入的討論。會上，多年從事信用體系研究架構工作的北京大學中國信用研究中心主任鄭學益教授發表講話，闡述了信用資源的概念：

金錢、技術都不能取代信用資源。企業有了這個資源，才能有一個持久的發展動力，就像人的生命一樣重要。企業信用資源還有另外的特點，他是一種比較脆弱的，容易受到破壞的資源，因為信用資源本身是人與人之間的信任的程度，是他人授予企業的評價，但是評價有高低，信用的程度有好壞，企業

一旦受到社會上各種複雜因素干擾，其信用資源就很容易受到影響、受到破壞。

　　企業不是一朝一夕建立起來的，需要點點滴滴、日積月累、踏踏實實、腳踏實地地把企業的信用資源積累起來的，你不可能說我今天講誠信，明天就不講誠信，今天守法，明天不守法，這是不可間斷的。所以說對開發的這個企業信用資源，要遵循我們的可持續發展的原則，也就是說開發企業的信用資源，不能局限於局部利益，局限於眼前利益，而應當著眼於長期的利益，著眼於全局利益與企業的信用資源。利用得好，他產生的是任何金錢不可替代的，有多少錢也買不到的，所以有人說，用錢買不到的東西才是最貴的。誠信就是最貴的。

　　在整個社會信用比較缺失的環境下，誠信建設是一種最有回報的工程。隨著市場經濟歸置的逐步到位，老實人才能笑到最後，笑得最好。正如國資委經濟研究中心主任王忠明言：伴隨著制度變革，伴隨著市場經濟目標體制的深化，特別是有了加入WTO這種背景之後，全社會的信用水平亟待大幅度提高，只有在誠信為本的社會環境下，企業的精神、個人的精神才會納入正常軌道。應該把這種守信看成是投資。

　　國家發改委信用研究中心主任陳新年在會議上提到了百年老店「胡慶餘堂」。

　　誠信的建設是一種能夠確保企業可持續發展的寶貴資源，

111

因為我們要打造一個優秀的企業特別是長壽公司，特別是像那些百年商業王朝、百年老店，如果沒有對顧客的忠誠，顧客也不會對你忠誠，比如說「胡慶餘堂」，這麼一個百年老店，今天為什麼還能夠屹立在我們的商業世界當中，歸根到底就是它區牌裡的兩個字：「戒欺」。絕不短斤缺兩，絕不以次充好，一定下決心戒除對用戶、對顧客的欺騙行為。「戒欺」這種精神是我們許多企業在走向市場經濟的競爭戰場時特別值得提倡的一種精神。

另外，我們的誠信水平應當隨著我們對外開放的深化而提高到新的高度。特別加入WTO之後，我們的誠信應該提高到WTO的尺度。WTO在某種意義上是一種信譽大法，如果我們的企業、我們的政府都能夠按照入世那種承諾去很好規範自己的行為，那麼我們的企業，我們的政府，我們個人的整個形象都會有很大改變。整個社會在走向全面小康的進程當中，我們的法制建設，我們的信用意識，我們的信用保障都會得到充分的發展。只有這樣才能夠使得我們的社會公眾的生活顯得更加健康。

誠信是一種具有回報的投資，特別是在中國剛剛從計劃經濟轉向市場經濟。我們的企業普遍不適應市場經濟是信用經濟這麼一種客觀事實背景下，相當一部分企業都採用坑蒙拐騙，假冒偽劣這種方式來積累自己的財富。事實上這些企業早晚都會受到這樣、那樣的懲罰的。恰恰是在這麼一種背景下，如果我們有一些企業，有自律意識，首先在誠信方面下功夫，看起來暫時會吃些虧，但是最根本、最長遠的市場經濟一定會青睞那些老實人，青睞那些誠信創業、勤勞致富者。所以誰能夠率

先有自覺誠信的意識，誰就能夠獲得最理想的投資回報。

　　步鑫生的落敗、馬勝利的破產、商界「泰坦尼克號」亞細亞的沈浮，儘管他們各自有諸多不同的原因，企業性質也不太一樣，但仔細研究即可發現，他們均失敗於一個共同的致命弱點，那就是誠信的缺失。這些企業本身的實力其實並不大，但他們過於自信，頭腦發熱，盲目地追求超高速擴張，明知自己尚不具備成為超大型集團的實力，卻還是妄圖蛇吞象，用以往那些成功的光環既照耀自己，又照耀別人。這種思維導向下建成的巨輪豈能逃脫「泰坦尼克號」的厄運？

　　馬勝利，當年人稱「國企承包第一人」，1988年開始籌建「中國馬勝利造紙企業集團」，最初考慮吸收100家本省和跨省企業，後來實際承包了36家企業，遍及河北、山東、山西、貴州等地，馬勝利僅用幾個月功夫就跑遍了數省，有時一天就看好幾家企業，瞭解一下就簽署協定確定承包。然而這種承包既缺乏實力估算，又缺乏信用評估，更談不上有效的制約措施。企業間根本沒有誠信可言。馬勝利曾經有句著名的話「一包就靈」，並將這種理念當做治理企業的萬能法寶。然而，他恰恰忘記了承包最重要的一個前提，那就是企業間的信用關係。馬勝利給每個企業都許了很多的承諾，卻因種種原因，無法實現。最終跨省承包不但沒有成功，還殃及大本營，石家莊市造紙廠資不抵債，申請破產。

　　鄭州亞細亞商場在中原商戰中屢創奇蹟，於是管理者的腦海

裡構築了建立「連鎖帝國」的藍圖，一大批連鎖店在全國各地掛彩開張，然而在擴張的同時，他們既缺乏資金、人才又缺乏管理經驗，只靠著許多宏偉藍圖和目前無法實現的空話、大話支撐企業運轉，最終同樣逃不脫破產的命運。僅旗下亞細亞五彩購物廣場一家，截至2000年9月，欠債就高達15.8億元，債權人涉及1673家，負債率高達713.63%，創下了河南省之最。

「亞細亞」這顆新星迅速隕落了。著名企業家步鑫生，也沒有逃脫破產的命運。盲目的擴張帶來的是產品質量迅速下降，名牌產品由於質量不佳而失信於民，最後也落得個關門走人。顯赫一時的南德集團總裁牟其中，更是一個專門用大話開路的老手，最後由於空頭支票開得太多，落下個欺詐罪名，黯然收場。

這些曾如雷貫耳的企業起勢迅猛，敗落倏忽。這些被人們稱之為英才、奇才、驕子的企業家們來也匆匆，去也匆匆。然而，在對這種現象的反思中，又有多少人從誠信的角度解剖過他們沈浮的深層原因？在這些企業倒閉之前，哪一家不是信用的楷模？而這些

英才們，哪一個又不是因為信用缺失，而最終黯然出局？此真可謂：成也蕭何，敗也蕭何！

中國彩電著名企業之一——廈新集團

總經理李曉忠曾經這樣闡述誠信透支的概念：

> 誠信透支，有兩種情況：要麼就是講空話、許空願，要麼
> 就是自身沒有那麼大的保證，許願超過了自己的許願能力。中
> 國企業發展總的狀況不錯，現在比的是企業的穩定性，在這場
> 比賽中，戰略和誠信是最關鍵因素。如果一個企業不講誠信，
> 必會失敗，也會帶來社會財富的喪失。誠信貫穿於每一個環節
> ——對消費者誠信——對商家的誠信。如果說，誠信度有一個
> 度量的話，以前是50%，現在就要上升到80%。名牌意味著承
> 諾，承諾意味著誠信。

信息社會，信用和信息是如此的息息相關，密不可分。面對
大量信息，消費者之於產品、股東之於公司、公眾之於企業家，永
遠都是處於信息的嚴重不對稱狀態。而信用，只能是建立在真實、
可信的信息基礎之上。信用信用，有信才有用。對此，掌握著最完
全信息的企業家本人的誠信，就成為實現信息溝通的最權威紐帶。
但是，對消費者、對股東、對公眾、對工商稅務部門封鎖和隱瞞真
實信息，已經成了一些企業家的不傳之秘。而用刻意修飾打扮、精
心處理策劃的信息誤導消費者和相關部門，則是一些英才們的拿手
好戲。

股票上市發行，對公司的信息透明化要求極高。在發達國家
叫脫光衣服面對投資者。而在我國，則是逆向操作，反其道而行之
——包裝上市。堆金砌玉，把自己打扮得花枝招展。想脫光衣服？

門都沒有。對明星企業,對業界英才,公眾和媒體也只能是霧裡看花、水中望月。久而久之,人們似乎已經習慣了這種境界,並對一些企業和英才們令人眼花繚亂的作秀讚賞有加,自動放棄了對其信用和誠信的質疑。於是,當一些英才突然倒下,人們似乎才看到了孔雀開屏的另一面……

不是別人,正是我們自己,將英才們抬上了「誠信」的神壇,然後站在台下仰望他們、美化他們,而不是在平等的位置上,以制度來考察,以標準來衡量他們。很多時候,對待誠信,我們寧願選擇敬仰典範,而不是敬畏制度。

典範是榜樣,但是,榜樣沒有強制的約束力,榜樣的力量並

不是無窮的。一旦內心的私慾如錢塘江潮呼嘯而起時,什麼才是人類道德的堤壩?

自1989年中國青少年發展基金會成立以來,「希望工程」截至2002年末共接受海內外助學捐款逾20億元人民幣,用於資助249萬貧困失學兒童求學,在中國各地建設近9000所希望小學,使近300萬學生能夠在希望小學享受新校舍的溫暖。然而2002年末,這樣一個造福社會、澤被子孫的

慈善事業，其資金運作受到部分海外媒體質疑，同樣經歷了一場信任危機。青基會向國家審計署提出審計申請，聘請了國際會計師事務所對其進行年度審計以證自身清白。依靠制度，求證自己，是中國青基會的選擇，又何嘗不是我們大家應有的選擇。

會計多大膽，公司多大產

2002年11月19日，第十六屆世界會計師大會在香港召開。時任國家總理的朱鎔基同志，在開幕式上出人意料地脫離「文本」，即興發表了長篇演講。他疾呼誠信為本、不做假帳，引起來自世界各地數千會計精英的共鳴：

誠信是市場經濟的基石。近年一些國家發生的大公司財務欺詐案，使整個會計行業遭遇一場「誠信危機」的挑戰。中國政府特別重視會計職業道德建設，要求所有會計人員必須做到「誠信為本，操守為重，堅持準則，不做假帳」，不屈從和迎合任何壓力與不合理要求，不以職務之便謀取一己私利，不提供虛假會計信息。

我國會計師行業的現狀和我剛才講的要求，還有不小的差距，但是我們決心一定要按照這個標準去做。最近幾年，中國建立了三個國家會計學院，一個在北京，一個在上海，這兩個都已建成。還有一個在福建的廈門，正在建設。我親自為這三個國家會計學院制定了校訓。我很少題詞，因為我的字寫得不好，但是

我為三個國家會計學院親自寫下四個字——「不做假帳」。

此番話語引來台下熱烈的掌聲，當翻譯將朱鎔基親筆題字——不做假帳這段話譯成英語時，台下掌聲再起。

「我希望每一個中國國家會計學院畢業的學生，永遠都要牢記這四個大字！」朱鎔基語氣堅定。翻譯開口準備翻譯，卻早被一片雷鳴般的掌聲打斷。

朱鎔基在任總理期間，曾經作出過不題詞的承諾。但為上海國家會計學院題寫了「不做假帳」的校訓，這是他唯一的一次公開題詞。一國總理為了會計問題自毀承諾，可見他對這一問題的重視，也可見這一問題荼毒國家經濟秩序的深度。

「真實性」一直被看做是會計工作的「生命」。但是由於會計核算和會計報表的數位涉及人們的經濟利益，有不少企業主管和會計人員以及其他利益相關者利用職務之便，鑽法律、制度的空子，向公眾發佈虛假信息，給社會帶來極大的危害。在中國，類似的小「安然」事件、小「安達信」會計師事務所造假帳、編假表的現象也如過江之鯽，不用說瓊民

源、鄭百文、銀廣廈這些會計造假的典型案例，就普通層面上看，中國會計信息失真已經達到了令人吃驚的地步。財政部最新公佈的2002年度會計信息質量檢查顯示，利潤不實率超過10%以上的企業有103戶，占53.6%。

會計信息失真包括會計不實和會計造假兩個方面。從社會環境方面來說，企業會計造假多是利益的驅動。有的是爲避稅、逃稅；有的是想向上級擺功邀好，樹企業形象；有的是爲獲取上市公司資格；也有個別是爲揮霍公款、行賄、貪污。上市公司管理層爲自身利益驅動積極造假，地方政府和管理機構則爲局部利益驅動支援或默認企業造假。2001年，有關部門抽查了16家國內會計師事務所，發現有14家會計師事務所出具了23份嚴重失實的審計報告，造成財務會計信息虛假數額達71.43億元，涉及41名註冊會計師！失信者與抽查物件之比高達14比16！這是一個何等驚人而又恥辱的記錄！

會計這個行業正式出現在中國的時間不長，在封建社會，會計相當於當時的師爺。明清時代，地方官署多聘請師爺，協助處理刑名、錢谷、文牘等事務，屬於無官職的佐理人員。師爺靠自己具有的錢糧會計、文書案牘等方面的專門知識和才能輔佐主官，稱爲作幕、佐治或佐幕，師爺是社會上的一種俗稱，也是最普通、最流行的一個稱謂。別小看這個職業，再糊塗的帳本，經師爺之手也能理得一清二楚，得罪了師爺，隨隨便便給你的帳目上做個假資料，頂戴花翎說沒就沒。明清年間，官員前後任交接時有個不成文的規

矩，後任要用數十兩銀子甚至上百兩銀子買前任官員的帳本。《官場現形記》中的一位候補官員好不容易得了個缺，不懂這個規矩，惹怒了前任帳房師爺，該師爺便給他做了一本假帳，記載的數額都是錯的。結果這位知州按照假帳孝敬上司，得罪了一圈人還不知道是怎麼回事，一年就被參劾革了職。因此舊社會的師爺雖無公職，但聲望地位都很高，其輔佐的官吏也要敬之三分。

古代對師爺的敬重，到今天演變成了企業對會計人才的偏愛。眾所周知，會計師屬於高薪行業，企業聘請到一個眼明技精的會計師，他能明白領導的每個眼神兒，不用領導操心，就巧妙地把你的假帳爛帳做得滴水不漏；做假帳屬於高危行為，半個閃失要不得，一個小數點就能把老闆送進監獄；很多企業家們最怕碰上這種手段不高明的「糟心會計」，但更怕帳做得漂亮，剛正不阿，堅決不做假帳的會計，他們碰到弄虛作假的主顧，興許還會給你捅到檢

察部門揭發你。這樣的會計師 「麻煩」很大，再能也沒人要你。

2001年，一篇《一位企業財務人員的「職業體會」》的文章，有如巨石投河，激起千層浪，文中的女主人公感歎，「誰能給我介紹一家不做假帳的公司？」悠悠天問，引起了全國人民的廣泛關注和強烈共鳴。這位姓裴的女會計師就屬於上邊說到的那種

「剛正不阿」型，已有10多年的會計從業經驗，先後擔任過國有企業、股份公司和私營企業的總帳會計等工作，2001年2月主動提出辭職。

據說，朱鎔基同志前不久在上海國家會計學院題詞是「不做假帳」，我知道後一夜沒睡著，我們的職業最基本準則竟然成了中央領導的要求，沒有一個會計人員心裡是好受的。第二天，我把電話打到電台的直播節目裡，我問他們，我做了10多年的財會，為什麼每家企業都在要我做假帳，誰能給我介紹一家不做假帳的企業。主持人也只能以沈默來回答我。

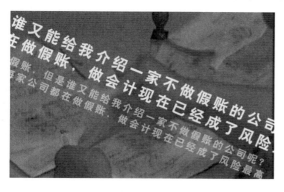

我是實在承受不了心理上的壓力才辭職的。10多年來，我一直在企業做財務工作，對企業內部財務那一套熟透了。我換了好多次工作，就想找個不做帳的企業，但後來徹底死了這條心，不做假帳，只能走人。現在有會計從業資格的人太多了，有的是人來接替你的位置。

很多人罵我們沒有「職業道德」，我聽了比誰都難過。實際情況是，沒有一個做會計的願意做假帳，但沒有一個企業不要求財會人員做假帳。企業在招聘財務人員上就有小竅門。有一段時間我應聘企業財務工作，發了很多應聘信都石沈大海，沒

有回音。後來我仔細想了想，就在幾封應聘書上特別註明「本人熟悉稅法和各種財務技巧，能夠為企業謀取最大的利益」，結果很快都有了回音。現在的企業，不管是什麼性質的，都想找一個會「做」帳的會計。

做會計現在已經成了風險最高的職業，因為沒有哪個行業會像我們這樣時時刻刻在幹著提心吊膽的事。一方面是不做不行，一方面要是真被查著了，領導會把責任往會計身上一推了事，即使領導不推責任，作為當事人，會計還要負連帶責任，總之是脫不了干系。我惟一慶幸的是至今沒有「犯事」，現在辭職，也算是全身而退了。

我們是能「創造」財富的。這話從專業角度來講不可理解，但確實是事實。因為不管企業「爛」到什麼程度，會計都可以做出「盈利」來。大家的「盈利」數字加到一起，就成了市裡的、部門的、國家的各種各樣的統計數字，就真的變成了社會的財富。當然「大帳」領導已經給你做好了，我們要做的只是把它表現出來。

國有企業做「假帳」的原因太多，也太複雜。真實的帳領導當然要掌握，對外的帳幾乎就是隨心所欲了：向銀行貸款時，要誇大資產和淨資產的量，掩飾不良資產；向稅務局申報納稅時，要隱瞞利潤額；向主管部門上報經營業績時，卻又要向實際數字「注水」；企業改制時，自然就要把淨資產、利潤變為負數。還有大家都知道的那些「回扣」、「小金庫」，總之都會要求你在帳面上擺平。私營企業就簡單多了，唯一的目的就是逃稅，千方百計隱藏收入，通過開陰陽發票、虛開增值稅

發票等手段把收入壓下來。私營企業這樣做，其實稅務部門都知道，跟專管員談，他們也都知道。所以經營者根本不害怕，但我們知道這裡邊的利害關係，整天提心吊膽，「真帳」也只敢放在家裡。

企業每年「做帳」，到底能逃多少稅？說了你都不會相信。就拿我做過的一家餐飲企業來說，我是淡季到這家公司的，企業每月的收入大約在50萬元，隱藏收入竟然占到一半還多。一年下來要逃多少稅，你算都能算出來。對企業來講，現金不進帳實在是太容易了。

「假帳」現在已經形成一條產業鏈了，我們的「行業標準」也越來越高。以前是只要你敢「做帳」、會「做帳」就很搶手，現在這已經成了財會行業最基本的要求。光知道「做帳」也不行，還得不停地學習新東西，否則會被淘汰掉。

在一家做投影儀的公司做總帳會計時，公司註冊資本50萬元，實際到位只有20萬元。我問那位代理註冊的人怎麼辦，他很奇怪地問我是真不知道還是假不知道。我說我確實不明白。他說，這很容易嘛，你就把這筆帳放到其他應收帳款下不就可以了。後來我就不再問同樣的問題了。其他像虛假銷售、移花接木等方法就更是只能在實踐中掌握了。

你們不要以為企業是運營以後才開始做假帳的，實際上很多企業從「出生」開始就是假的。註冊什麼類型的企業，法律是規定了一些出資標準的。但是有人拿不出這麼多錢，怎麼辦？你留心一下報紙，上面有很多代人註冊公司的廣告。代人註冊公司的都是大有「背景」的人。他們多數是從稅務和工商

部門出來的，或者跟工商等部門的關係很好。從這樣的代理公司出來的新註冊公司，十有八九是虛假出資和不合法的，往往註冊資金50萬元的企業，真正註冊人出資只有10萬元。我計算了一下，如果以50萬元做本金，完成一個公司的註冊代理，兩週基本上就行了。一年下來代理人拿到20%的收益率沒有問題。這裡面的問題大了，但已經不是一個企業的事。

現在很多企業內部財務實在是太亂了，但沒有幾家是因為會計人員素質低造成的。很多單位從來就沒有想過要把帳理清，帳務越亂就越好做手腳。私營企業就更簡單了，真到了一定程度，就把公司關掉，再註冊一家新公司，沒有人會去問為什麼。

這麼多年下來最大的收穫是，別人做帳的真假一眼就能看出來。所以說很多上市公司造假帳，會計師事務所說沒看出來，我不相信。當然也有一些特殊的情況。只能說是一些會計師事務所也進入到這根「造假」鏈條裡來了。

我知道我們這行現在的形象很差，其實企業會計要按真實情況來記帳做帳，從技術上說不是很難的問題，但實際上做到很不容易。一到年底，一些稅務部門的人就會說，朋友幫幫忙，做點貢獻出來。這不用說了，少的交三四萬元，多的十幾萬元。一方面是每個企業都這樣要求，另一方面外部的所謂管理又是這個樣子，我們做會計的能怎麼辦？說我們是被「逼良為娼」是再貼切不過了。平時都有默契，但一旦哪天真來查帳，哪有查不出來的道理，會計只能跟著倒楣。但是為了生存，會計很少不做假帳。我們在管理上的問題是，就算做假被

查出來了，也沒有哪個單位的責任人被處理，這在社會上有很壞的示範作用。不管怎麼說，如果大量的企業都在無所顧慮地做假，那肯定與我們的管理機制有關係。既然企業、一些政府部門對假帳都這麼司空見慣，我只能想，是社會需要假帳。1

注1黃金權、黃庭鈞：《財會人員的職業體會：多爛都能做出「盈利」》，2001年10月3日，新華社，「新華視點」。

裘女士的一席話，道出了中國會計行業的整個現狀。會計做帳的化腐朽爲神奇，不禁叫人想起了曾國藩，想起了那個曾經被我們罵作「曾剃頭」的滿清名帥。曾國藩與太平天國作戰十餘年，期間十戰九敗。一次水戰中，湘軍水師大船數十艘被毀，堂弟曾國華戰死，曾國藩率殘部狼狽而逃，其座船又被太平軍圍困。曾國藩投水自殺又被隨從撈了起來。人家鄧世昌不成功，則成仁，曾某不成功也沒成仁，只得退守南昌。給皇上的奏報怎麼寫？屢戰屢敗的戰

績實在是沒法提，可是又不得不提，還好曾國藩腦子靈活，玩了一把文字遊戲：「臣屢敗屢戰。」屢戰屢敗？屢敗屢戰？二字顚倒，顯得英勇有加，境界大不一樣，果然皇帝陛

下對屢屢敗績也沒有過多斥責。

新的《會計法》已經頒佈實施，《會計準則》也在不停更新，但假帳照做，企業還是兩本帳。為什麼？因為源頭——會計有一枝生花妙筆，沒有規範，沒有哪條是重罰單位責任人的。這個問題不解決，說管住假帳只能是空話。什麼時候企業在做帳的時候不敢行曾國藩之伎倆了，外部的環境讓企業領導不敢造假了，假帳才可能滅絕，我們企業會計才能直起腰板。

2001年的中國證券市場上，銀廣廈、麥科特、ST黎明等公司財務造假的曝光，扯出了中天勤、華鵬、華倫等會計師事務所，自然成為了眾矢之的。接著，遠在地球另一端的美國，從安然到世界通信公司，再到施樂，頻頻爆出財務醜聞，而這些財務醜聞又都與久負盛名的世界級會計師事務所「安達信」有著千絲萬縷的瓜葛。這些大型上市公司的財務醜聞，引發了世界信用領域的一次次強地震。一般的企業做假帳，其目的無非是為了達到少交稅的目的，其社會影響有限，而上市公司一旦會計造假，會影響眾多投資者的利益，其波及的範圍甚至超越國界，所以格外引人關注。有關專家驚歎，會計誠信已經成為全球性難題。

「安達信」英文名稱為Andersen，創立於1913年，是全球五大會計師事務所之一，代理美國2300家上市公司的審計業務，占美國上市公司總數的17%，在全球84個國家設有390個分公司，擁有4700名合夥人，2000家合作夥伴，專業人員達8萬人。「安達信」1979年開始進入中國市場，相繼在香港、北京、上海、重慶、廣

州、深圳設立了事務所，員工2000名。由這些數位可知，「安達信」曾經是多麼紅火，一般的公司簡直難以望其項背。　就是這樣一個強盛的企業，在這場風波中被查出多次爲安然等公司作假帳，虛報業務。沒有企業再敢與其簽訂會計合同，「安達信」很快申請破產，其海外分公司四分五裂，被分別收購。打敗安達信的不是其對手，而是它自己。

1400 Smith Street

市場經濟一個重要的法則是等價交換，誠信是等價交換的核心和靈魂。沒有誠信，就沒有正常的市場秩序。上市公司管理對財務制度要求很高。股權高度分散的上市公司，嚴重依賴於財務會計制度。股權高度分散後，股東都不參與管理，只是通過年度股東大會選舉董事和批准一些重大問題的議案來行使權力。股東和資本市場主要是通過外部審計師審計公司財務報表來瞭解公司財務和運作情況。這套制度體系的基本準則是外部審計師要以自己的信譽、專業精神公平辦事。但是，一旦混亂和貪婪占了上風，人們的目光就會變得短淺，信譽、專業精神和原則等都很容易拋在腦後，變形扭曲的產品——假帳，勢必出籠。

中國證券市場發展至今，發生過一系列績優神話破滅的故

事。績優神話的產生，都與會計師事務所的假帳有關。會計師事務所的職業素質因此受到社會各方面的質疑，我國註冊會計師面臨著嚴重的信任危機。不做假帳本來應該是會計業最起碼的操守底線，但中國的這一問題，竟逼迫朱總理自毀不題詞的承諾，做假帳問題之嚴重性昭然若揭。

　　2003年 8月15日，北京大學中國信用研究中心、新華社瞭望週刊社舉辦的「中國信用理論與實踐」高層研討會在京舉行。來自政府部門、高等院校、科研機構、社會團體、信用服務機構和企業的二十餘位人士，圍繞「市場經濟與社會信用制度的關係內涵」、「產品信用與企業誠信經營問題」、「社會誠信觀念與誠信人文環境的培育」等問題展開了直面現實、前瞻未來、求實務真的討論。在大會上，國資委經濟研究中心主任王忠明發表了如下觀點：

　　　建立市場經濟目標體制是當前中國最核心的政府信用，因為市場經濟體制它必然相應地要催生社會信用體系，要創造守信的市場環境，建立國民徵信的信用體系，在市場經濟體制的建設當中，中國的企業將成為真正以競爭為本質的市場經濟的主體，利潤將作為企業運作的第一驅動力，而信用也將成為非常重要的、與之相生相伴的驅動力，所以現在企業往往要成為最受歡迎的企業，或主動或被動，都將「誠信」作為自己的核心文化理念。市場競爭的深處是信用度的較量，信用可以變成資本，並且放大企業的利潤率，我們現在已經在走向全面小康這麼一個奮鬥目標的實現進程中，而這個進程也恰恰是政府信

用全面建設的進程，在這個進程當中，我們實際上可以看到一個脈絡，就是失信與守信、信用缺失與信用建設之間的反覆交戰。我們不能指望全社會信用體系、國家信用體系、政府信用工程能夠一蹴而就，我國市場經濟還處在一個初級階段，在這個過程當中，在失信與守信之間、在信用缺失跟信用建設之間，相當長一段時期的反覆交戰是在所難免的。只有建立市場經濟才能造福於人民，人民政府為人民這是最根本的信用建設，建立社會主義市場經濟的目標體制是當今中國最核心的政府信用。

社會信用體系建設運轉依賴於各種可靠的信息，企業能不能向社會提供真實可靠的會計信息，依賴於我們註冊會計師的審計工作，老百姓把錢存在銀行，銀行管得怎麼樣，老百姓一點都不知道，特別是國有商業銀行，財務信息不向社會披露，而據我們所瞭解，一些國有商業銀行確有管理不當行為，就連內部的財務管理都一塌糊塗。老百姓存錢不敢選擇離自己家比較近的儲蓄所，而是選擇信用比較好的。企業的經營管理規範性影響到整個經濟領域的秩序問題。一家企業、一個事業單位經濟狀況如何，註冊會計師是要向社會起見證作用的，能不能起到這樣的作用，關係到整個社會信用體系的建設。

從2001年開始，安然事件、銀廣廈事件等系列惡性財務欺詐案相繼浮上水面，給我們教訓非常深刻，為了重塑行業形象，提高行業公信力，中註協（中國註冊會計師協會）主要從下面幾個方面做了工作：一、制定行業誠信綱要；二、在全行業推行誠信檔案制度，相關措施已經制定成型，現在正在行業

內徵求意見，軟件也正在設計開發；三、強化考試和培訓，在考試培訓中增加職業道德這方面的內容；四、制定頒佈「職業道德規範指導意見」；五、加強監管，建立業務報備制度，對於出賣審計意見行為，按照制度要求嚴肅查處。我國會計師事務所脫產改制時間不是太長，而且運作不是太規範，很多事務所內部沒有建立很好的治理機制，一個單位如果內部都管理不好，就不可能提供好的產品。滌清會計行業的弄虛作假行為，必須完善一套嚴格的規範紀律。

偷稅無罪，作假有理

談到偷稅漏稅，人們都知道那是違法犯罪的行為；而買東西開發票時叫售貨員多開一點數額，恐怕做過的人為數不少，而且坦坦蕩蕩，認為無非也就是能夠多從公家報銷點錢罷了，沒什麼大不了。虛開增值稅發票，製作、銷售假發票，事實上都是嚴重的違法行為，同屬於偷稅漏稅一類，挖國家錢，肥自己腰包。但發票可以用來報銷經費，可以用以沖抵成本，因為和錢有這麼多關係，所以它又被稱為第二鈔票。一些不法分子，看中了發票和鈔票的這種姻親關係，大量製售假發票，牟取

暴利。國家早就對這種在發票上做手腳的行為作出嚴格規定，而因虛開增值稅發票、非法出售假發票被判刑的卻年年有，假發票市場至今依然猖獗。

在北京前門、中關村、火車站，經常會有外地婦女抱著孩子湊上前來悄聲詢問：「發票要嗎？」在河南，有人走關係，從零售企業拿空白發票，數位隨便填，少則幾千多則幾萬用來充各種帳目或者去公家報銷；更猖獗的是廣西柳州的一些車站，只要你交比正常稅金低幾個百分點的費用，就可以開具任何你想要的發票，這已經形成了一個行業，人稱「信息服務點」。

其他地區的假發票兜售者散落在城市的角落，而走在柳州市的街頭，假發票一條街盡人皆知。數十家「信息服務」攤點沿街排開，一些攤點門前就公開擺著這樣的招牌：代開票據。來這裡買發票，還得「懂規矩」，來買發票的大戶太多，動不動就十萬百萬的，養得這裡的小販也勢利得很，起價就得五千塊面值才賣給你，幾百塊錢的小買賣發票這裡的小販根本看不上眼。從建築、勞務到餐飲、運輸，各種發票一應俱全，發票上的金額隨便填，單位名稱也可以隨便寫。他們只收取三四個百分點的「稅款」作為報酬，要開十幾萬，二三十萬元的話，還能有額外折扣，經常有開著寶馬賓士的大客戶，來這裡一買就是一百萬的假發票。按照稅金比例，賣家轉手就能掙一萬多。

這些賣發票的攤點一般很簡單，往往就是租一個小門面，雇一個打工妹，牽上電話，擺上桌子、長椅，就可以開張了。別看條

件簡陋，他們每月販賣假發票的利潤都在6000到3萬元左右。假發票於小販是福，於國家卻是毒。假發票之毒，禍國於無形，開具假發票者逃避了營業稅或所得稅、增值稅，給國家和地方稅收帶來大量流失，同時也給一些貪污、腐敗分子侵佔國有資產提供可乘之機。從1997年到2002年，柳州市使用發票的企業、用戶從2165戶增加到了5280戶，用戶增加了一倍多，可是稅務部門發票的銷售量卻基本沒變，有的種類甚至出現了下降。僅柳州一個市區，假發票的橫行泛濫，至少造成當地每年稅收流失1.2到1.5個億。國家稅收原本「取之於民，用之於民」，政府財政收入的90%以上來源

於稅收。地方稅收不能及時提供資金保證，必然影響到地方政府部門的運轉，國家稅收不能得到保障，影響到的就是國家改革和發展的進程、人民生活的改善，甚至引發社會經濟秩序混亂。

這些賣假發票的難道就不怕工商和警察？為防止檢查人員端了老窩，直接把發票放在店內的並不多，他們大都把發票藏在另外的地方，代開點一般從票販子手上拿票，一次也就一兩份一兩份地拿。依照刑法相關規定，像這麼一份兩份地調動發票，即使被抓到也判不了罪。於是警察抓，小販躲。貓一來，老鼠就跑，貓一走，

老鼠又回來了。執法者的打擊行動不斷，而假發票販子則以更快的速度捲土重來。鬥智鬥勇多少年，反反覆覆的清理，反反覆覆又死灰復燃。

信用是個「卡」

在發達國家，電子貨幣20世紀末就基本取代了鈔票，電子支付和信用消費已經占到了消費支付總量的95%以上。電子貨幣不僅節約了大量的社會成本，也為個人最高現金持有量和消費量的法律規定奠定了物質基礎。如今，在發達國家，如果有人拿著大把的現金去消費，不僅沒面子，反而會引起旁觀者的提防：這人是貪官，還是從事走私販毒的黑道分子？可在我國，鈔票生產量和流通量在世界上一直名列前茅，截至1999年底，我國流通中的人民幣實物總量高達2300億枚。為了印鈔票應付流通，製鈔廠裡機器連軸轉，工人三班倒。誠信的社會基礎薄弱，使得我國的現款支付結算仍占到我國消費總量的90%以上。北京的信用卡消費屬國內比較領先的，截止2002年末，北京市發卡機構共發行銀行卡2400多萬張，發展特約商戶6000多家，安裝ATM機2200多台，POS機1700多台。2002年，北京僅跨行交易金額就達160多億元，約占全國銀行卡跨行交易總額的10%。這些數字大大高於全國平均水平，但與國外銀行卡業務發展相比仍存在較大差距。即便是首都北京，全城四五萬家餐廳能夠刷卡消費的也僅占千分之五，這就意味著跑200多

家餐館才有一家可以刷卡吃飯。直到2002年，北京市才全面啓用銀聯服務，而在此之前，各家銀行的ATM取款機互不相容，各家取款機只認自家的卡，一位老總錢包裡十幾張銀行信用卡，讓筆挺的西裝凸起了一大塊。異地取款、跨行取款時一次次的交易失敗和吞卡是很多人遭遇過的經歷。銀行信用卡，「卡」得夠嗆。

刷卡消費可得轎車等大獎，主要商業街100%可受理銀行卡，各類銀行卡可以聯網通用……北京爲了推廣銀行卡可謂是動足腦筋，但在獲得很大成效的同時也必須正視一個事實：目前北京銀行卡特約商戶僅占商業服務類企業的5%左右，接受銀行卡的特約商戶還不到應受理商戶總數的10%。這樣的現狀遠遠不能滿足經濟生活的需要，北京離「刷卡無障礙城」還有很大的距離。

銀行卡產業在國外已成爲一個龐大的產業體系，發達國家在銀行卡的經營管理、銀行卡的受理環境、持卡人用卡意識等方面，都已步入相當成熟的階段。相比之下，我國銀行卡產業還處於較低的發展水平：持卡消費占社會商品零售總額的3.45%（韓國爲20%，美國25%），特約商戶普及率僅爲2%（韓國87%，美國近100%），人均持卡量僅爲0.29張（韓國2.1張，美國2.9張）。中國銀行卡發行量雖然已超過4億張，但僅意味著3個中國人才有一張卡。持卡量太少，加上特約商戶太少、機器常出故障、各銀行卡的功能單一等因素的影響，實際消費中銀行卡的使用率極低，很多人的銀行卡都處於「睡眠」狀態。1

銀聯事實上也沒有真正「聯」起來，通了半天只是ATM取款機，商店內使用POS機仍然處於各家用各家的局面。每筆交易，商店方面需要交納銀行2元手續費，哪個冤大頭肯勸說顧客刷卡呢？高峰時段系統不穩定、線路不通暢，致使刷卡頻頻失敗，市民怎麼會對銀行卡有信心呢？看中眼前利益，銀行不願意在佔據絕大部分市場份額的中小商戶中投放POS機，持卡人的錢包裡怎麼會不保留大量的現金？

「一卡通行」的技術問題其實早在銀聯公司成立時就已經得到解決，而遲遲不通的原因，很大程度上是銀行捨不得放下商家的交易肥肉。百貨公司的收銀櫃檯上，各家銀行琳琅滿目的POS機已經司空見慣了，一旦互通，留下一台POS機就可以了，留誰去誰？這其中的利潤空間讓商家和銀行需要商量出一個平衡點。

中國的銀行卡，在中國自己的地盤都不好用，拿到國外就更難了，而國外的銀行卡進入中國也「卡」得要死。無論多大的廠商老闆，政府官員，出差到國外，眼睜睜看著當地人直接刷卡消費，而自己還要排著隊等著換匯，感覺類似腰繫麻繩的農民進城。推出不久的國際卡雖然有了一定進步，但也僅停留在存外幣、取外幣的階段。有資料顯示，印度首都新德里入境遊客通過信用卡的消費額是北京的10倍以上。外國人在北京用卡不方便勢必讓北京喪失了

135

巨大的利潤空間。

西方社會普遍建立信用記錄，個人信用評估體系非常完善。在美國，「社會安全號碼」聯網信息系統從西海岸鋪到夏威夷，申請銀行信用卡時，「號碼一放，劣跡可見」，如果有不良信貸記錄，必定申請不到信用卡。同時，如果沒有信貸記錄，發卡單位不能判斷申請者的還款能力，也申請不到信用卡。所以美國人非常認同分期付款，每次也十分注重按時還款，以確保信貸記錄上的良好信譽。而在我國，個人經濟活動沒有檔案系統，而目前的檔案系統無法評判個人經濟活動的信譽問題，這在很大程度上影響著銀行卡的推廣和使用。中國的銀行卡大多是借記卡，而真正的銀行信用卡最重要的是信貸功能。中國沒有個人信用評估體系，以前的信用如何、未來的信譽怎樣都無從考證。建設銀行的龍卡倒是對部分客戶建立了評價體系，對其實行較高金額的信貸業務。但有關專家的分

析一針見血：「單純靠一家銀行的力量建立個人信用評估體系實在困難。」

從小學到大學，每個學生都要有自己的成績單記錄自己不同時期的學習成績，沒有記錄，就談不上評判和制約。現代社會的有效管理，離不開個人行為的記錄、評判和制約。個人檔案制度，曾經是我們社會道德建設和社會管理的基礎，每個人從小學時

即開始不間斷的操行記錄，進入檔案，終身跟隨，它有自己完整的價值評判標準和一整套的組織程式，並有充足的人力物力和組織架構給予保證。有段時期，檔案裡是否愛國愛黨、遵紀守法、團結同志、忠於職守的記錄對一個人的命運沈浮確實生死攸關，個人優良的操行記錄和道德信譽，是其行走主流社會的通行證。20多年變革，生活重心變遷，經濟制度變換，但我們的社會管理，沒有及時從一種記錄向另一種記錄延伸，這成為制度建設的一大缺憾，其負面影響，已演變成為社會發展的瓶頸，這個「另一種記錄」就是個人的經濟信用記錄。

西方國家個體的經濟信用記錄體系是很完善的，經濟信用與一個人的道德信譽不同，他脫離了抽象的道德評價，具體、客觀、公開，由個人與社會經濟交往的具體行為構成，類似足額納稅、按時還貸、按時交納水費電費收視費手機費、交通違規後按時交納罰款這一串小型行為構成個人經濟信譽記錄。在建設有中國特色的社會主義市場經濟體制中，品德的檔案應當同經濟信用檔案的記錄相輔相成，缺一不可。如何使兩者更加有效地發揮作用，是我們的制度建設要加以研究的問題。上海個人信用記錄啟動運行以來，得失可圈可點。它實際上在提醒我們，公民的個人信用記錄，完全由公司來進行，是不能勝任的，作為社會管理的基礎工程，它非由政府的手來駕馭不可。

無效承諾

自20世紀90年代開始，從政府到企業，都曾掀起了一陣聲勢浩大的承諾運動：一些地方政府承諾，要建立社會監督政府的機制；生產企業承諾，對產品實行三包；商家承諾，不出售假貨；房地產商承諾，不搞面積欺詐……各種「無效退款」的承諾，更把商家的誠信推向了極致。然而，「本合同（或條約）的最終解釋權歸本公司所有」、「產品一經賣出，概不退換」的格式化內容和「本店聲明」又將所承諾的責任推卸得一乾二淨。

廣州一位消費者，買了一部摩托羅拉手機，當時商家用大標語寫著「絕對正版，假一罰十」的字樣。然而，手機用了不到兩個月，出現了自動關機的現象，他送到摩托羅拉的指定維修點去修理，維修人員打開手機後蓋檢查一番告訴這位消費者，他的手機不是原裝貨，是「水貨」。

明明掛著「絕對正版，假一罰十」的大牌子，商家卻拒絕處理這台水貨手機。消費者要求按照承諾假一罰十，但商家的經理說，只願意按照《消費者權益保護法》的有關規定，給該消費者賠償一倍貨款。糾纏許久沒有結果，消費者向消費者協會諮詢。原來，商家在兜售商品時作出的「假一罰十」的承諾，嚴格意義上並不是合同意義上的承諾，而實際是為了將假冒手機推銷出去而作出的虛假宣傳，和消費者沒有構成嚴格意義上的合同關係，是一種欺詐行為。這種行為正好構成《消法》第49條規定的欺詐。按照

《消法》的規定，商家不但必須賠償消費者經濟損失，還應當承擔欺詐的法律責任，即「買一賠一」，商家賠償一倍貨款。

近年來，爲表明「誠信」，招徠生意，許多商家都打出「假一罰十」的招牌。可消費者卻不知此類承諾完全是商家信口雌黃，導致近來有關部門時常接到關於「假一罰十」不兌現的投訴。「假一罰十」的承諾其實就是可變更的違約金規定，換句話說就是鑽了法律空子，商家就算故意出售假冒僞劣產品，消費者也無法得到十倍、百倍、萬倍的賠償，而只能在法定範圍內得到合理的賠償。因此可以說，商家的這種承諾其實是誤導消費者的欺詐行爲。

還是水貨手機，「假一罰十」的虛情假意在北京也演著場場好戲。2003年5月，郭小姐在北京某通訊公司花2525元購買了一部摩托羅拉M388手機，後來發現該手機並非原裝產品，電池也屬假冒。基於該商家有「假一罰十」的承諾，當事人找到商家進行索賠。郭小姐比前邊那位廣東消費者果敢，商家拒絕賠十後，郭小姐告到法院，對該公司提起訴訟。

海澱區法院審理認爲，通訊公司向消費者公開作出「假一罰十」的允諾，其目的是吸引消費者，不違反法律禁止性規定。因此，該允諾一旦公示，在未撤銷前具有法律約束力。依據民法誠實信用的原則，法院判決雙方終止買賣合同，公司方退還手機款並履行單方允諾給付郭小姐手機價格10倍的賠款。

現代社會，唯女子與小孩的錢好掙。夏天是各種減肥食品、藥品、健身器材的旺銷季節。夏日服裝輕薄，冬天養起來的肚腩肥

肉若減不下去，就得等著暴露於光天化日之下。愛美的女性這時候會潮水般跟風減肥，各種減肥產品的廣告戰也在夏日到來前激戰起來。2002年夏，國際影星鞏俐輕顰淺笑，每天定時出現在央視黃金時段的畫面上，對著成千上萬愛美心切的女人展現迷人身段和萬千風情，「曲美」———一種剛「出道」不久的減肥藥憑藉強勁的廣告攻勢幾乎讓無數藥店和女人們瘋狂。

還有一種減肥藥也非常懂得炒作和標榜自己。在極短的時間內，風韻十足的演員王姬手拿該產品、笑得異常嫵媚的廣告鋪天蓋地，之後王姬本人還召開了記者招待會，為自己確實服用該產品後變瘦的「事實」接受公證。這藥和「曲美」的名字有一點點相仿，它叫「澳曲輕」。

廣告的費用當然是「羊毛出在羊身上」，加在了動輒上百元一盒的減肥藥中。不過美麗似乎來得並不會那麼簡單和容易。2002年10月，北京市消費者協會宣佈：「曲美」、「澳曲輕」等減肥藥品，從2002年2月1日起已不允許在大眾媒體上發佈廣告，並且，其利用明星宣傳減肥效果的行為，是《中華人民共和國廣告法》及其他廣告管理法律法規所嚴令禁止的。

十月的北京已是金秋，明明春天就已禁止的廣告，整個夏天卻仍在利用各種主流媒體大肆傳播。一般說來，減肥藥品因為其特殊的功用，所以按規定要在生產5年後才能利用廣告在市場上推廣。而「曲美」、「澳曲輕」問世至多不過二三年，因此其廣告宣傳明顯是違規的。北京市消協一位女部長說：「據我所知，有關部

門曾經對它們查處過好幾次，但最後也是不了了之。關鍵還是在『利益』兩個字上。廣告經營者有利可圖。賣到一二百元一盒的減肥藥，巨大的利潤也會讓他們在一次又一次的檢查和處罰面前鋌而走險。」

減肥品市場的規範清理工作早在1999年、2000年已開展，但面對強大的利益驅動，冬去春來，夏天又至，廠商們還是換湯不換藥，為了推廣產品、擴大銷售，鋪天蓋地地打廣告。整頓規範年年搞，年年都是野火燒不盡，春風吹又生。減肥品市場各種名目的膏、丸、丹、散不勝枚舉，總體質量到底如何？違規廣告到底哪裡越軌了？2002年10月，北京市工商局與北京市消費者協會邀請了10名專家，對5至7月刊登的83條減肥廣告的內容、資料、用語、文字進行評議。這些減肥廣告涉及藥品、保健食品、醫療美容機構、化妝品、減肥器械等五大類53個品牌。經過專家評議，83條減肥廣告中有82條均出現不同程度的違規內容，平均每條減肥廣告違規內容達3至4項。*1*

注1郭彧：《謊言充斥減肥廣告，83條廣告僅一條合法》，2002年10月17日，《北京晨報》。

提到減肥，所有熱衷此道的人最怕減肥無果，於是三分之一的減肥廣告甘冒天下之大不韙，明令禁止的廣告承諾照說不誤：「簽約減肥、無效退款」、「反彈退款」、「不減不收費」、「不滿

意不收費」等，而事實卻是「減肥減肥，越減越肥」；爲誇大宣傳效果，藥片藥丸藥膏全都標榜自己有這樣那樣的額外好處，「宮廷秘方」、「名貴藥材」，這些原來貼在電線杆子上的小廣告的用語，如今上了廳堂，走進電視廣告。土哈巴狗經過包裝，愣沖大不列顛貴族犬，減肥效果難辨的減肥藥卻有「純中藥製劑」、「無毒副作用」、「可使血脂降低、脂肪肝變好」等等功能，就差上治口眼歪斜、下治半身不遂。

減肥藥品虛假宣傳多，眞實療效差，很多減肥心切的人就選擇自己研製減肥食譜減肥。很多諳熟健身美容的人都知道「一日八杯水」的說法，多喝水不但能促進體內廢物代謝，還能美容養顏。喝什麼水？純淨水？礦泉水？喝白水總不能有什麼虛假吧？——答案是：錯！就是這純淨水、礦泉水，喝起來也未必能高枕無憂。

很多人覺得飲水機方便、衛生，桶裝純淨水已成了不少單位、家庭的必備消費品。但不少消費者卻對這種水有這樣那樣的疑問：桶裝水裝上飲水機一段時間後爲什麼越來越難喝？開蓋後多久飲用完比較衛生？桶裝水裝上飲水機的最長時限是多久？這是許多消費者最爲關心的問題。

正規廠生產，並經檢測各項指標均合格的，基本都是放心水。但一些小水廠生產出來的桶裝水就不是那麼回事兒了。有的人回收舊桶，清洗後直接灌上自來水密封，當新水出售；更有的連洗都不洗，直接舊桶灌髒水。同樣黑心的是一些小規模送水站，一樣都是送水服務，送一桶眞「娃哈哈」、「農夫山泉」只能掙一兩塊

錢，但進假貨當好水送，一桶的利潤能翻好幾番，這樣的利潤誰不願意拿？水管裡的自來水經此渠道，流進辦公室、寫字樓、使用飲水機的千家萬戶。有資料顯示，這類放置多日未經消毒的自來水，隱藏著致病細菌，會引發消化、泌尿系統等50多種疾病。

關注水的質量也不夠，更大的衛生隱患是飲水機本身。很多飲水機生產　商標榜自己的飲水機「隔離細菌」、「絕無二次污染」，但有關專家對辦公室、寫字樓普遍使用的飲水機作了抽籤測試，他們將同一品牌、型號的3台飲水機，分別按照「使用了一段時間未清洗」、「使用了一段時間用普通方法清洗」、「新機」三種狀態，依次編號為1號機、2號機、3號機，並按說明書要求開始使用。試驗地點為普通辦公室，環境溫度為常溫，試驗時間為15天。不知道這種檢測結果被每天在辦公室使用飲水機喝水的白領們看到會怎麼想：檢測結果上機前檢測細菌總數均為0的3桶純淨水，再次取常溫水檢測時發現了存在著數量不等的大量細菌，其中以「新機」的細菌數量最多。三台新飲水機僅使用到第三天，檢測時細菌總數都增加了10倍以上，增加幅度最大的一台著名品牌飲水機，細菌總數增加了數百倍，增加幅度最小的是「使用了一段時間未清洗」的1號機。據專家分析，這從一定程度上可以表明，桶裝純淨水上機後的「最佳時長」為3天，而像普通家庭那樣用自來水清洗飲水機的做法，不僅不能消除細菌，反而增加細菌總數。試驗結果進一步顯示，從第三天開始，常溫水出口的細菌總數持續上升，到第十天左右，「新機」的細菌總數增長了幾萬倍。白領麗人

們喝到的也許就是這些比自來水細菌還多的所謂「純淨水」，與其說「一天八杯水」，不如說「一日八杯菌」！

在醫院看病，錢沒少花，藥沒少吃，就是治不好病，人們不相信醫院了；到飯店吃飯，海鮮缺斤短兩，涼菜細菌超標，人們不相信飯店了；出門乘飛機，航班說晚點就晚點，說取消就取消，人們不相信民航了；購買商品房，廣告說的一個面積，房產證上寫的一個面積，自己一量，又是一個面積，人們更不知該相信誰。缺乏誠信，人們之間沒有了信任感，簡單的事情變得複雜，複雜的事情變得辦不成。把承諾當幌子，吸引消費者自願上鉤，當承諾都變得如此荒誕乖戾，如此可疑時，還有什麼可以信任？

失衡的天平

北京有個中關村，最早的時候只是北京的一處郊區。隨著聯想、方正等IT公司在此創業，中關村地區蓬勃發展，短短十幾年後已發展成全國知名、世界矚目的IT高科技園區，很多電腦產品銷售商店、購物中心依傍中關村的高科技氣候在此設店經營，取得了豐厚的經濟效益。廣州市也有個五山科技街，同樣是廣州當地不少IT民營企業的發源地。隨著五山地區不斷發展，一個又一個電腦城也先後開張，開一個紅火一個。這些電腦城不是統一經營，而大多是攤位對外出租承包，一家電腦城內平均有幾百個攤位。五山科技街某電腦城開張時，幾百個攤位全被租完，顧客如雲，貨如輪

轉，生意相當不錯。

　　電腦城裡攤位之間獨立經營，但也有競爭、有合作，最常見的合作是「放貨」和「拆借」。「放貨」，就是把自己的貨放到很多個攤位去擺著，一個月或半個月定期結算，賣出去多少算多少，一家攤位代銷某品牌鍵盤，就把鍵盤放到50個攤位去，銷量自然比自己一個攤位賣要多得多，那些攤位不壓資金還增加了自己攤位的貨色品種，賣掉了賺個差價，賣不掉也沒什麼損失，所以對雙方都有好處。「拆借」則是客人問什麼都先說有，等談好價格了說去倉庫取，其實是去不遠的其他攤位借貨，成交後用進貨價去結算，自己落個差價。這兩種方式都可以活躍市場、方便客戶、增加產品銷售量、降低產品積壓風險、減少流動資金，好處多多。同時，這些做法是以攤位之間的信任為基礎的，尤其是放貨，風險全在貨主一方。電腦城開張之初，大家都認同了這種經營模式，一年多時間也建立了相當的信任。但開業後不久，這些攤位間存在的問題就暴露出來。

　　一位外地來廣州淘金的張老闆於電腦城開業後第二年夏天承包了這裡一位攤主的一個攤位，業務是組裝兼容機，由於報價便宜、服務誠懇、裝機技術好，生意很不錯。張老闆每天的裝機量越來越大，用的配件量自然也大，逐漸成了該電腦城內配件商的大客戶，CPU、硬盤、主板、機箱、顯示器、鍵盤……因為從不拖欠他人貨款，張老闆不到半年時間裡就建立了良好的信用，要貨量時多時少大家從來照給，不用人催總會準時付款。沒人給他設什麼信用

額度，張老闆的名字就是「金字招牌」。

　　某年春節前，電腦零配件銷售的生意異常難做。正當電腦城的攤主們愁眉不展時，接到張老闆大批量要貨的電話，大家喜出望外，整箱整箱的硬碟、主機板、CPU等配件源源不斷送到了張老闆手裡，又很快被運走發往內地不知什麼城市，貨到的太快太多，攤位都放不下了，各位供貨攤主卻發現找不到張老闆人了。打手機一直關機，打呼機也沒有回覆。給他送貨的有二十幾家公司，每家都不超過10萬元，大多是8萬元左右的貨，加起來差不多有200萬元的貨物。有人覺得不對勁了，電腦城內二十幾個老闆想盡辦法找張老闆，可人卻像一陣風一樣無影無蹤了。無奈之下只好報警。警察展開調查，很快找到了當初把攤位承包給張老闆的原攤主。可這位攤主說自己出租給張老闆經營後從來沒有管過事，只是按月收租金。「我看他不像壞人啊，他出的價高我就把印章執照都給了他，誰會想到他是大騙子呢？」

　　經公安部門查驗，所謂「張老闆」身份證複印件是偽造的，姓名、家庭地址等全都是假的，不愧是高科技領域的「人才」，計劃很周密，一切所謂誠信交易不拖貨款，都是一場

精心的策劃。「詐騙集體案」最後不了了之，經歷了這場劫難後，該電腦城裡有的攤位經不住打擊，關閉了；有的悄悄把所有放出去的貨都收了回來，以前一個月結算一次現在改成3天一次，以前打個電話就可以拆借的貨，現在必須用現金去提。大家見面還是笑著打招呼，但心裡都明白：以前的誠信再也不可能回來了。認識你半年了又怎樣，誰知道你是不是假名字？寧可生意做小點兒，總好過被騙。生意越做越小，慢慢的一家又一家攤位搬走了或倒閉了，不久，這個興旺一時的電腦城差不多成了賣盜版光碟的集中地，只有這些人是不用跟他們談誠信的。

《羊城晚報》一位記者對此作過報導，這位記者刊文歎息：

有時我會想，當時如果這裡發生火災燒毀了20多個攤位，他們會重新裝修重新開始，因為他們信心還在；但一個騙子利用「誠信」打擊了20多個攤位，受傷的卻是幾百個檔主的心靈，危害遠大過火災。

一個人肯花半年多時間努力去建立信任，用養大一頭豬一樣的時間把信任「養大」，然後在春節前像殺豬一樣「屠宰信任」過個肥年。多麼有耐心、多麼有毅力、多麼有技巧的騙子！一個年營業額過億元的電腦城，就這樣毀於無形。1

注1藏根林：《營業額過億元的電腦城毀於無形》，2003年5月12日，《羊城晚報》。

第五章
商業之戰

　　一夜之間所有企業都祭起了數字電視的大旗，偽技術也緊跟著上，魚目混雜，令消費者目不暇接；而製造商則心知肚明，故意混淆技術概念……

　　個別手機廠商追求的所謂「創新」，竟成了花樣翻新的騙術……

　　明減暗升，別人削價賣貨，他則削價傾銷……

　　「活力28」的輝煌難以為繼之時，「活力28」的老闆選擇了鋌而走險的道路……

「賣布頭」的重演

傳統相聲裡有個著名的段子「賣布頭」，其中有一段是兩人叫賣，一再降價，最後一分不賺白送了人家：讓二毛降二毛，您給一塊八；讓五毛降五毛，您給八毛錢；讓五毛降三毛……送你啦！聽著別樂，布頭雖小，反映的是一種常存於市場當中的惡性競爭現象。彩電冰箱洗衣機，空調電腦小汽車，「賣布頭」的大有人在，賣「假布」、賣「破布」的也為數眾多。

1995年爆發彩電降價競爭以來，中國彩電企業經歷了規模急劇擴大、利潤急劇下降，全行業普遍虧損的歷程。今天，類比電視產業猶如日落西山，山窮水盡。其中的原因，除了市場經濟的推動之外，中國彩電企業自身也起了重要的作用。在這一歷史進程中，中國彩電企業普遍染上「假、大、空」病症。偽技術、假功能、大吹大擂欺騙消費者，虛假資料，空話連篇。到處低價傾銷，引來不斷的反傾銷。誠信問題，已經成為制約中國彩電企業進一步發展的主要障礙。現在，中國和世界發達國家一道，進入了數字電視發展的初期階段，中國的一些企業和研究機構，由於較早地介入，在技

術上已同國際先進企業站在同一起跑線上。只要中國的彩電企業能夠吸取教訓，勵精圖治，我們就能雪洗類比電視落後幾十年的恥辱，在世界視聽產業新一輪革命中站在支配者的地位上。

　　但是，中國彩電企業的老毛病於此轉機當口，再度發作。

・僞技術大行其道

　　五年來，除廈華、數源、上廣電三家企業含辛茹苦持續地進行HDTV技術和產品的研發，許多企業在研發領域毫無作爲。浮躁的經營理念令那些企業對HDTV不屑一顧。如今，數字電視的推廣初潮終於來臨，一夜之間所有企業都祭起了數字電視的大旗，僞技術也緊跟著上，魚目混雜，令消費者目不暇接：

　　「800線高清晰度電視」：將類比電視冠以800線高清晰度的美稱，稍懂技術的人一看便知是假貨。——全數字、全媒體彩電。既不是數字電視，更談不上全媒體，但似乎謊言多說幾遍，也會有消費者上當。

　　「高清逐行彩電」：到底是數字高清電視還是類比的逐行掃描彩電？製造商心知肚明，故意混淆技術概念。如果是數字高清電視，本身就包含了逐行掃描功能，不需畫蛇添

足。如果是類比逐行掃描電視，就不可能達到高清晰的標準。

「像素決定清晰度」：這是最近炒得最凶的一個偽技術概念。這樣的宣傳是十分幼稚地炮製了一個看似充滿技術的概念，但事實是，數字電視的清晰度主要是由信道帶寬、掃描頻率和顯像管的點節距所決定的，這些指標決定了數字電視所能顯示的像素。所以「像素決定清晰度」的邏輯表述是「結果決定結果」。這明擺著是一種欺騙消費者的宣傳。更有甚者，宣傳者將幾種不同的數字電視掃描格式，如1920×1080i（i即隔行掃描）、1280×720p（p即逐行掃描）編造為彩電畫面具有207萬個像素和100萬個像素，故意忽略了隔行掃描和逐行掃描的根本區別。據此，有幾家企業宣稱自己實現了視覺的革命，宣稱彩電進入了像素時代，逐點掃描。更有不甘落後的企業，宣稱其電視機每秒顯示2.7億個像素。近期整個數字電視市場的宣傳猶如一場兒童遊戲，隨便想像，隨便臆造，目的只有一個——欺騙消費者。

·虛假宣傳泛濫成災

一些品牌直接把類比電視說成是數字電視。其虛假宣傳的路徑是：類比電視中應用了數字處理技術→數字處理電視→數字化電視→數碼電視→數字電視。在許多商場，我們都可以看到這類宣傳。

另一些品牌，採用自冠「大王」的宣傳手腕，虛張聲勢。有

的企業根本沒有數字電視，或剛剛拿出第一代不成熟的數字電視產品，卻一再聲稱，經某某權威機構調查，其數字高清電視市場銷量第一。以此使消費者相信其產品已成熟老道，供不應求，炙手可熱。

2002年至2003年短短幾個月間，中國彩電企業迅速「掌握和擁有」了等離子電視、液晶電視、數字高清電視、LCOS背投、DLP背投的核心技術。你不信嗎？請看展示的樣品。這樣，國人豈不應歡欣鼓舞？國外十幾年、幾十年努力攻關，我們一夜之間就全攻下來了。其實，無不是買台樣機或買來套件簡單組裝的結果。事實上，迄今為止，國內僅有廈華公司真正實現了向美國、澳大利亞、歐洲出口大批量的數字高清電視。

最近有企業在宣傳其數字電視時，常引用1999年國慶閱兵試播HDTV節目時送檢的數字高清電視為其「輝煌業績」。基於當時組織者和測評單位的要求，為了保護各企業的積極性，各企業所選送的樣機的測評結果沒有公佈。事實是，僅有TCL等兩家企業所研製的產品質量最優，而那些現在大肆借此宣傳的企業，質量都較差或根本不合格。

·侵權仿冒商標

2001年5月1日，廈華電子公司正式大批量向市場推出數字高清電視，此前廈華公司註冊獲得了CHDTV商標，該商標僅用於數字

高清電視產品。經過廈華公司兩年多的辛勤耕耘，終於培育並啓動了國內數字電視市場，廈華公司的數字高清電視銷量快速增長。對此，某彩電企業置法律於不顧，仿冒他人商標。此種現象也表明，一些企業在技術開發、市場營銷、廣告宣傳等方面的作爲，已經陷入了極不誠信的境地。2003年8月22日，廈華公司正式在廈門、北京、上海等地起訴另一家彩電企業長虹公司，指控其侵犯並冒用廈華「CHDTV」的註冊商標。這是我國彩電產業歷史上第一個侵權案。

企業大打價格戰本無可厚非，但是，如果在中間搞虛假宣傳、以次充好、以假充眞，這就變成了毫無誠信的價格欺詐。有些企業大搞所謂「貼牌」戰略，打著名牌的旗號販賣自己的劣質產品，仿造商標，借別人的大樹乘自己的清涼；或者虛假宣傳，把死人說成活人，活人說成聖人——經營的策略看起來多麼巧妙，老百姓卻痛斥爲：「假名牌，眞名騙」。失信等於自殺，等於跟自己過不去，雖有人一時蒙混過關，也無異於慢性自殺。老子曰：「勝人者有力，自勝者強。」戰勝別人的人只是有力量，能夠戰勝自己才算眞正的強者。戰勝自己的什麼？過度膨脹的慾望，短期利益的誘惑，得意時的忘形，失意中的自餒。誰戰勝了這些弱點和毛病，走取信於人的長遠道路，誰才能夠成爲眞正的強者。

誠信是一個企業、一個地區、一個國家和民族的立足之本。如果說我國的類比電視產業由於起步晚，我們無法掌握核心技術，只能靠組裝和做通路商，那還情有可原。但是，在剛剛興起的全球

數字電視浪潮中，我國和世界各國基本上處於同一起跑線上，我國的研發和產業化成果和先進國家相比沒有明顯差距。我們需要的是扎扎實實的作風，潛心地研發和產業化發展，實實在在地以誠信的營銷來重樹國產數字電視在消費者心中的形象，從而達到在數字電視領域做強做大，以至在世界數字電視市場佔有一席之地的目標。否則，中國數字電視產業將重蹈類比電視的覆轍，推而廣之，我們各種領域的生產企業如果都一味停留在這種低端競爭的層次上，「超英趕美」真的永遠都是空想。

手機的危機

彩電行業如此，其他行業也多有類似現象。手機行業便是一例。

喜歡時尚的外企中層管理人員董先生，2003年初選購了一部某品牌的高檔手機。做出這樣的購買行為，董先生看中的，一是宣傳中所謂高端及成熟男性的定位；二是手機上那幾顆耀眼的天然寶石，能夠彰顯作為一名管理者的職業身份。然而，連續幾個月使用下來，董先生卻產生了諸多的失望：雖然也是彩屏，其解析度卻低得很，只有160×128；雖然也是和絃，但只有4和絃；宣傳是高端手機，但既不是雙頻，也沒有GPRS功能，只有如今早已過時的WAP功能；短信息只能儲存10條；更堵心的是，那幾顆寶石經過幾個月的日常磨損，眼看著光澤日益黯淡。董先生咽不下這口氣，幾千

塊錢怎麼買來個嚼之無味，棄之可惜的雞肋產品？他要行使作為消費者的知情權。為此，他專門到「國家珠寶玉石質量監督檢驗中心」作了鑑定。鑑定報告顯示：手機所鑲嵌的確實是天然寶石，但是由於質量太小、雜質很多，也沒有切割工藝可言，顏色和淨度都不高，所以沒有鑽石那麼高的價值。

當消費者得知他們所津津樂道的「身份」竟然建立在一個虛幻的宣傳上時，我們不禁要問：籠罩在手機上的寶石光茫褪去後，留給人們的，究竟是什麼？

中國移動通訊的發展速度始終處於世界前列，2002年，中國移動電話總擁有量一舉超過美國，成為手機擁有量第一大國，而且隨著各地區經濟的不斷發展，移動通訊業的發展潛力仍相當大，發展勢頭強勁。強大的市場發展潛力吸引來的是多方廠家商家的關注。僅僅5年前，國內移動通訊還是「洋機器」的天下，日本的松下、索尼，美國的摩托羅拉，芬蘭諾基亞，瑞典愛立信和韓國三星等等手機品牌全盤佔領中國手機市場，儼然一支移動通訊業的新一代八國聯軍。中國人自己並沒有懼於國外品牌的強勢。幾年之後再觀市場，國產手機躋身於洋手機之林，且品牌眾多，科健、波導、TCL、廈新、首信等品牌已經有眾多型號手機問世，聯想、海爾、康佳等其他電子消費領域的傑出品牌也紛紛涉足手機領域，推出自己的產品，期待在移動通訊市場這塊大蛋糕上也能分得自己的一角。

國產手機紛紛上馬。「馬」上的視野寬闊，放眼望去，前方

路途原來並非所想像那般一馬平川：產量的飽和使廠家間的競爭日趨慘烈，而國內手機製造商實質上尚不具備自主獨立開發核心部件的能力。由此引發的矛盾重重，一方面，國產手機要面對國外廠商對核心技術的霸權；另一方面，還要經歷國產手機自身低水平重複建設所導致的同質化競爭。在這樣的背景下，創新幾乎成了所有國產手機目前的主旋律。沒有競爭就沒有發展，然而，公平的競爭到了一些廠商手中，卻變了味道：個別手機廠商追求的所謂「創新」，竟成了花樣翻新的騙術。他們在歪曲創新的同時，實際上進入了一場更為嚴重的誠信危機。

　　黯淡的是一個企業的誠信，其所預示的危機則顯得格外扎眼。專家們早就不無憂慮地分析，「市場的熱銷，不能掩蓋一些國產手機『內功』的虛弱。從根本上來說，國內廠商的生產規模較國外廠商小，核心技術方面還要依賴國外廠商，因此國產手機的成本勢必高於摩托羅拉、諾基亞等產品。比降價，國內廠商目前肯定要處於下風，因此推出『寶石手機』之類的產品，將本來普普通通的產品提高檔次，賺取高端用戶的青睞可以說是上上之選。」*1*

　　注1《國產品牌手機遭遇誠信危機》，2003年4月25日，《中國企業報》。

　　2003年5月17日，一年一度的世界電信日，福建在全省範圍內開展了一次大規模的「手機品牌——福建省消費者滿意度有獎調查」活動。回收後的調查問卷經過統計分析，人們發現這樣的問

題：國產手機平均返修率是國外品牌的2倍左右，平均投訴率高達50%（國外品牌一般在25%），個別國產品牌手機質量問題甚至遭到80%的消費者投訴。如果不解決質量問題，某些「華而不實」的國產手機只能曇花一現。*2*

注2趙鵬：《消費者給手機打分，國產手機品牌遭遇信任危機》，2003年5月18日，福建之窗網站新聞頻道。

寶安福永鎮有位傅小姐，2002年購買了由深圳市漫遊通實業有限公司生產的一款「漫遊通」C2588手機電池。有一天走在路上只聽見「砰」的一聲，自己的褲袋裡冒出一點火苗，褲子跟著燒了起來，腿部也灼得生疼，原來是裝在褲袋裡的手機爆炸了。傅小姐大腿被燒焦了一塊，好好的大腿被燒成了十級傷殘。傅小姐要求電池廠家賠償，而電池廠家堅稱並非電池質量問題，因為電池已經售出一年多了，超過質量保證期，且懷疑是傅小姐使用電池不當造成，首先要由權威機構來鑑定，分清究竟是誰的責任。可從省質量技術監督局得到的結果卻是電池已經炸碎了，殘留物太少，無法檢測。

國產手機質量失控的原因，是在沒有技術儲備的情況下急於「圈地」。別說國內廠商普遍不掌握真正的「高端切入」——晶片等核心技術，一些廠商甚至連基本的品質控制流程都沒有，個別品牌乾脆只有一個銷售公司，到韓國或者臺灣的手機代工企業買進一

批「裸機」，然後貼上自己的商標賣出去。

技術上並無建樹，可在市場圈地運動中，一些品牌卻熱情高漲。國內手機市場上的本土品牌已多達數十個，競爭日趨激烈。基於搶佔市場的考慮，許多廠商首先考慮的是如何最大程度地佔領市場份額，以及如何在短期內讓品牌知名度最大化，並將注意力集中在比產銷量、比品種數目、比新品推出速度上。特別是一些生產商為了使新產品儘快投放市場，在產品還存在質量甚至設計問題時就將其上市了。這種倉促推出的產品，出現這樣那樣的問題也就不難理解了。業內人士認為，正是因為國內廠商急於引進最新機型而忽略了產品設計和大量採用貼牌方式生產等原因，致使國產手機質量得不到保證。

儘管國產手機有著如此之高的返修率，但由於國內廠商的維修網點和服務中心分佈比國外品牌的廣，目前這個隱患被暫時掩蓋著。但實際上這些維修點也並不是真修，當有用戶持問題手機前來時，這些維修點一般會採取無條件更換新手機的方式來掩蓋手機的質量問題。這種處理問題的代價是廠商負擔著極高的維修成本，而這將大大侵蝕其利潤空間。

看著每天電視螢幕上層出不窮的國產手機品牌，你方唱罷我登場，其情景猶如幾年前彩電企業的價格惡戰。我們相信手機製造已經不是一個高不可攀的領域，但能製造得出產品，卻不一定就能製造得出品牌。沒有技術上的優勢，只在外觀或者一些小功能上做得跟別人不一樣，短期內，該手機廠商依賴廣告以及營銷手段，能

夠攫取到高額利潤，但要想持續成功，未免缺乏底氣，面臨著國外手機巨頭們的反攻和國內手機產量的飽和，未來的競爭將更加慘烈。國產手機如果只是停留在製造意義的「國產」上，不突破技術與設計上的瓶頸，可以斷言，國產手機將重蹈國產彩電的覆轍，低水平重複建設必然導致同質化競爭。

關於手機的離奇話題可謂層出不窮，一家韓國通訊公司竟然宣稱其手機可當「偉哥」使用，愚弄顧客手法之拙劣，概念營銷之離譜，實在叫人哭笑不得。

2003年11月底，北京國際通信展上，一家韓國電信公司在展臺上打出了「手機移動偉哥服務」招牌。宣傳語寫道：手機上的驅蚊器，使夫妻生活更加和諧的移動偉哥服務，可運用於實際生活。手機真有如此功能？這種產品宣傳的目的何在？這樣的宣傳是否超出了規範？「移動偉哥」的宣傳語的確起到了吸引「眼球」的效果。幾乎所有路過此展板的顧客都表現出較強的興趣，但很少有人上前詢問。

手機到底怎樣具備「移動偉哥」的功能呢？《北京晨報》記者致電該電信公司的北京辦事處，該公司工作人員解釋道：其實，這種「移動偉哥」功能只是電信運營商提出的一個概念。目前，具有這種功能的手機我們並沒有生產，在本國也沒有。

既然沒有生產出產品，公司到底依據什麼提出這一頗具誘惑力的「概念」？當記者試圖了解手機該種功能的技術背景和推廣計劃時，該公司表示：「我們現在並沒有此類產品的技術，我們推出

的宣傳也不過是一種概念。」

概念營銷已成為商家慣用的一種方式，許多商家為了使產品更好銷售，也為了吸引更多的「眼球」，慣用「製造概念」的營銷手段。這種被商家製造出來的概念往往用來製造、引導顧客的需求，也往往能有較好的宣傳效果。

營銷「概念化」，並不是隨便造勢都能稱為「概念」。「概念」也得有個「度」的界定。商家空打「營銷概念」，在宣傳中打「色情擦邊球」，明明是則手機廣告，電視裡卻從頭到尾都是扭來扭去的美女——胡宣傳、亂營銷存在於各種商品的宣傳中。

要想實現目標，國產手機需要的是實實在在的創新——技術創新，加強研發能力，爭取擁有自己的核心技術，而不僅僅滿足於造型上的小改小革；產品創新，滿足消費者真正的需求，而不是依靠廣告或者「概念炒作」來實現低層次的競爭；服務創新，從售前到售後，用真心和實力解決顧客的一切問題，而不是用虛假的宣傳來欺騙消費者。隨著真正的技術進步和產品選擇範圍的擴大，消費者不可能對缺乏誠信的品牌保持著「忠實」，不可能永遠為廠家虛幻的概念買單。只有苦練內功的企業，才能真正在風起雲湧的手機市場上擎起國產手機的大旗。

誰是誰非

前幾年，哈薩克斯坦的商務部長來中國考察時，在京城一家

商店買了一件羽絨服。回國後沒幾天，她穿著這件羽絨服參加一次重要會議上，羽絨服的線突然裂開了，短短的絨毛踴躍地鑽了出來。我們的商人在給這位部長製造尷尬的同時，也給自己「捐了一道門檻」：同類商品的中國貨因此被全部拒於該國之外。

　　俄羅斯首都莫斯科的一家商場曾經打出這樣一幅告示：本店不出售中國貨。以此來表示自己的商品貨真價實，絕無假冒偽劣，假冒偽劣商品的泛濫使得紅火一時的中俄邊貿一落千丈，中國商品的聲譽每況愈下。

本店不售中國商品。同樣的牌子，掛在土庫曼斯坦的首都——中亞名城阿拉木圖一家雜貨小店的門外。當地百姓和中國商人都明白，店主並不是一個反華分子，那招牌不過是店主對其商品質量的承諾。也就是說，中國商品幾乎就是假冒偽劣的代名詞。中國的周邊鄰國，幾乎都出現過這樣的牌子。進入新世紀，當「走出去」作為我國參與國際經濟競爭的一項戰略選擇，當更多的中國商人和企業家攜帶著產品、資金和技術躊躇滿志「走出去」時，他們發現，他們要為自己同胞以前的不誠信付出巨大代價。

　　1998年前，中國商人在哈薩克斯坦的鋼材生意做得相當不錯，雙方商家都認可國際通行的信用證方式過貨，渠道順暢，市場

有序，有章可循。然而，好景不長，中國人千辛萬苦促成的貿易市場又被中國人親手葬送。1998年後，中國商人競相抬高購價，大搞惡性競爭，使中亞的鋼材市場亂得一塌糊塗；鋼價居高不下，信用證交易變成交錢發貨的風險性交易，過關後的貨物在數量和質量上都無法得到可靠保證。

中國商人憑藉靈敏機智的頭腦和鍥而不捨的精神，本應在中亞商界有所作為，大展宏圖的，但無窮無盡的內訌和一再發生的不誠信事件，卻使原本暢通無阻的生意陷入了蜀道難行的困境。

因為誠信問題，不可多得的機遇變成了挑戰和風險，這是我國與周邊國家和地區的貿易交往中的一個普遍現象。我國與眾多的國家和地區接壤，大多數鄰國都是不發達和欠發達的發展中國家。經過改革開放，我國在經濟上，尤其是在輕工產品生產上的優勢日益顯現出來。這本是我國與這些國家實行跨國貿易的大好機遇。然而，這種機遇卻被我國的一些「國際倒爺」們親手「倒」成了挑戰：他們把假冒偽劣產品倒過去了，把國內的相互殺價、偷工減料、偷樑換柱的損人利己的惡劣做法「倒」過去了，但是，一種重要的東西——信譽——現代經濟中的通行證，他們不僅沒有帶過去，甚至將從前我國在這些國家長期積累起來的良好印象也損害殆盡。

僅10年前，中國商品一路北上西下，在前蘇聯東歐地區風靡一時。那是多讓人激動難忘的啊，中國商人至今還在為當年到處搶購中國貨的場景感慨萬分。當時各國商品短缺固然是中國商品走俏

的原因之一，但更深層的原因是五六十年代出口蘇聯的中國產品在當地百姓心目中建立起的牢固信譽。那時出口蘇聯的產品有一個響當當的註冊商標——「友誼」。一說起「友誼」，就是在講中國商品，就是在說貨真價實的質量和信譽。然而，從90年代初期開始，一些不誠信的中國商家，向前蘇聯地區大批輸出假冒偽劣商品，「友誼」建立起來的鋼鐵般的信譽因此迅速走向崩潰。當人們從洗滌後的羽絨服裡嗅出陣陣惡臭時，中國商品連同中華民族的美名都在他們心裡打了一個問號。時至今日，出口中亞的中國大米裡仍可找出砂土碎石；表面時髦可人的旅遊鞋，穿上不過數週便成了垃圾。

商品經濟或者說現代經濟的基礎是信用，各種各樣的合同、契約關係無不建立在信用的基礎上，而中國是一個重農輕商的社會，歷來有無奸不商的說法。商業行為是一個合同建立的過程，合同確定之前，盡可以、也應該各抒己見，一旦合同得到雙方或多方的認可，則應講「信」，認真執行。《孟子·滕文公》上說：「從許子之道，則市價不二。」《後漢書·韓康傳》：「嘗采藥名山，賣於長安市，口不二價，三十餘年。」在古人看來，商業行為不講價是一種高尚的行為。而在合同建立以後，認真執行的人卻不多，無奸不商即是對商業行為中較普遍的欺詐現象的概括。

中國歷來無專利概念，因此假貨也能在中國大行其道。北京的王麻子剪刀名滿天下，也僅能守住三尺櫃檯。三尺之外，便有人大聲吆喝：正宗北京王麻子剪刀。誰若不信，他可以賭咒發誓，甚

至把自己的祖宗十八代全給押上，目的只有一個：騙出你口袋裡的錢。一溫州商人自述在美國的致富訣竅：在美國，季節性減價時，一般商人均打出削價百分之二三十的牌子，藉以回籠資金。每值此時，溫州人便貼出大減價的牌子，降價幅度百分之四五十甚至更多。實際上，則是暗地裡將標價大幅提高，明減暗升，別人削價賣貨，他則抬價傾銷。

其實，借打折之名在價格上明降暗升在我國已是公開的秘密，「漫天要價，就地還錢」的街頭砍價劇，在每個商品攤上都演出得火爆熱烈，誰都知道在攤上買東西時至少應該「腰斬」，而在溫州等地，買家砍價砍去了十分之九，賣家仍能面不改色地與人成交。

帶著這些傳統積弊和現代惡習「走出去」，中國商品的信譽和生存空間都出現了危機。

為了重塑中國商品在俄羅斯的形象，1996年，中俄兩國總理首次在定期會晤時達成了一項重要協定——中國要在俄羅斯開辦大型商場；1998年，江澤民主席親自給莫斯科市長寫信，關注中國商場的開辦事宜。當我們省悟了自己的失誤，以種種

補救措施，甚至讓國家元首出面來彌補我們的失誤時，卻無奈地發現，我們已經幾乎失去了兩樣寶貴的東西——機遇和信譽，而得到的，是更加嚴峻的挑戰。

　　隨著俄羅斯人生活水平的提高，最近幾年，高級服裝店開始出現在莫斯科街頭，BOSS、SALIDA、BENETTON等世界知名品牌紛紛開設自己的專賣店。這些服裝店裝修十分講究，出售的服裝全部都是從歐洲空運過來的，巴黎最新上市的服裝，用不了一個星期就會掛到莫斯科精品店的衣架上。當然，這些衣服價格也很高，看似普通的襯衣，標價都在100美元以上，一套西裝最便宜的也要500美元。與此同時，俄羅斯自己的服裝工業也在迅速崛起，在俄羅斯獨立初期，外來服裝潮水般湧入，俄本地服裝難以抵擋進口貨的衝擊，多數服裝廠被迫關門停業。經過近10年的發展，俄羅斯自己的服裝工業開始復甦，有些甚至可以和歐美服裝相媲美。據統計，俄羅斯2002年服裝市場消費為150億美元，其中中產階級的服裝消費高達100億美元。這是一個多麼誘人的市場！

落滿灰塵的中國產品的声誉

当更多的中国商人和企业家

中国商人

據知情人士透露，如今俄羅斯大商場裡賣的不少服裝其實都是中國產品，但是卻被俄羅斯中間商在裡面做了手腳，將中國品牌改成歐洲國家的商標，以此來吸引顧客。好端端的中國產品，卻要掛上別國的商標，不能以自己的真實面目示人。這種現象，不僅在俄羅斯和獨聯體國家存在著，在一些東盟國家，中國產品被商家換上日本、韓國、臺灣商標的情況也早已不是什麼秘密。中國商品在一些周邊國家被釘上了一塊屈辱的商標。

「假作真時真亦假」。中國一些商家在周邊國家的失信行為，最終把中國商品逼上了是非兩難的境地。中國駐俄羅斯聯邦大使館大使張德廣說：「要真正贏得俄羅斯消費者的信任，樹立我們商品的形象，改變一部分俄羅斯人對中國商品只是低檔次的看法，還需要多方面的努力，要更多的商業企業、國內的貿易單位來共同努力，只要俄羅斯的消費者親身體驗到產品是可靠的，是優質的，價錢是合理的，我想他們會購買，會認可。」

信譽棄之者易，樹之者難。然而，時至今日，在我國的「走出去」戰略中，被人們提及最多，下的功夫也最大的，仍是資本、技術、產品的跨國轉移，而最重要的利器——信譽的跨國轉移，無論是在理論上，還是在實踐上，幾乎仍是一個盲點。而信譽和信譽資本，才是維持市場運轉的核心競爭力。

為了中國商品堂堂正正地「走出去」，為了一個大國公民的身份和尊嚴，為了早日揭去蒙在中國產品上的屈辱「商標」，驕傲地露出中國面容，每一個中國人，無論是懷著何種目的「走出去」，

無論是走到富國還是窮國，都應該捫心自問，是否有一顆誠信無欺的中國心在伴你同行？

無奈的自衛

湖南有家公司，職員張某是公司老闆在公司成立之初的合夥人之一，公司老闆曾口頭許諾公司盈利之後，給張一定數量的分紅，但後來卻矢口否認。張因為無法得到本該屬於他的利益，又沒有證據，無奈之下求助於私人偵探所。通過「偵探」一番調查，張某從「偵探」處得到了公司老闆偷稅漏稅和挪用公款等方面的「證據」。張憑著這些「證據」找到老闆，得到了自己應有的那份分紅。而在哈爾濱，私人偵探所遭到的是詬病，現在行為神秘的孩子多，望子成龍的家長多，不瞭解孩子的家長也多，這三多之下，2002年，哈爾濱幾家私人偵探所不約而同推出了青少年品行調查專案，這一調查其實就是替家長調查孩子在學校、家庭之外的活動，幫助家長瞭解自己的孩子，據稱是「一種新型、保險係數很高的教子手段」。家長為了子女教育使出這樣的殺手鐧，僱人對孩子進行全程監控。聽說父母居然花錢雇私人偵探盯自己的「梢」，哈市不少在校生表現出憤怒，「現在到處都在講誠信，為人父母的為什麼不能拿出點誠信來，就知道耍花招，他們怎麼總是表裡不一。」一位重點中學的學生說，他是很想向父母敞開心扉的，可是，敞開了也沒用，因為父母只會盯住他的成績單，還會為了瞭解

自己近期的思想動向，偷看日記本和家裡電話的通話記錄。 *1*

注1 王姝：《家長僱私人偵探盯孩子》，2002年4月8日《新都市報》。

　　私人偵探從無到有、從地下到地上，實質反映的是世人心中對「誠信」二字的惶恐。無良的騙子們憑著「誠信」這汪原本清澈見底的泉水，將人們的道德水源攪得渾濁不堪。為了打擊假冒偽劣，各級政府不得不設立專門的機構——「打假辦」；不得不多年搞「質量萬里行」；為了防止經濟領域的各種違規犯罪活動，不得不增設許多不同領域的監控、監督專門機構並提高行政級別；為了保障安全，銀行不得不使用武裝運鈔車；保安、保鏢開始成為公安以外的一項專門行業。如果說這些是屬於政府打造的打假防偽正規軍，民間應運而生的「私人偵探」、「私人偵探所」就是活躍在基層的「游擊隊」。

　　美國電影中的私家偵探來無蹤去無影充滿了神秘。在中國，由於私人偵探目前仍不被承認，這一行業更是充滿了爭議。在目前我國公佈的企業申請登記經營範圍裡面，還找不到有關「受委託提供調查（偵探）」這樣內容的條目。公安部1993年曾明確規定，嚴禁任何單位和個人開辦各種形式的民事事務調查所、安全事務調查所等私人偵探所性質的民間機構。作為對策，私人偵探所誕生後的很長一段時間內，大都借「信息諮詢中心」、「專業調查中心」的名義暗地進行「取證」活動。直到2002年，國家工商局商標局調

第五章　商業之戰

整商標分類註冊的範圍，「偵探公司」、「私人保鏢」等社會服務明確出現在新頒佈的「商品和服務商標註冊區分表」，私人偵探所終於有了自身合法地位。不被法律承認，仍能夠層出不窮，業務欣欣向榮，促使政府部門細化修改相關政策界定，這從一個側面恰恰反映出目前社會中人與人之間互不信任的嚴重性與普遍性。私人偵探所是把雙刃劍，白刀子進紅刀子出，不區分好人壞人，講誠信的人可以通過私人偵探所的摸底，討回自己的應得利益，不講誠信的人同樣也可以通過私人偵探無孔不入地跟蹤探查，將好人的短處捏在手裡。

說是非正規的「游擊隊」，其實並非所有人都能隨便當私人偵探。這一行用人要求非常嚴格，杭州一家私人偵探公司，這裡的老闆每次招聘都要事先聲明，公司招人嚴格地以偵探的要求爲條件，要求高身體素質和高可靠性。能夠勝任此職的人很多都是部隊的退伍軍人和離開公安隊伍的刑偵人員，以男性爲主，平時他們也到公司正常上班，接受任務後再分頭去辦。

私人偵探所接受最多的業務就是婚外戀、涉及第三者隱私的調查，每個私人偵探所都無外乎如此，大約占總接案量的一半左右。而另一半案件中，占多數的是經濟、財產調查。在婚外戀案件中，由於傳統的家醜不可外揚、嫁雞隨雞等觀念束縛，不少妻子只是爲了在背叛的丈夫面前拿出證據，還想保全家庭，並不想眞正鬧

上法庭，她們首先的要求是保護她們的隱私。

廣東有家私人偵探所，不但替顧客爭取到了正當利益，而且還把當地的監督局稽查科科長拉下了馬。2000年8月，時任茂名市技術監督局稽查科科長的謝計獎來到一家油漆塗料商店，以「標識不全」和「涉嫌假冒」爲由，封存、扣押了價值15000元的商品，通知業主3天後到技監局審查處理。幾天之後，謝計獎約業主到一酒家吃飯，「如果按規定辦事，就要沒收你的全部產品並罰款10萬元，如果私了的話你給我3萬元就算了事。」業主對這樣的貓膩深惡痛絕，但也不好強硬拒絕。於是特意買來了微型錄影機，事先安放在酒店房間內，先後幾次偷拍下了謝計獎索賄受賄的全部過程，最後一次偷拍記錄的場面最精彩：向謝科長行賄的人離開後，謝計獎待在房間裡嫖娼，錄影帶上留下了全部不堪入目的場面。

有了科長的把柄，業主與謝展開交涉，無奈下，謝計獎終於承認扣押的塗料是合格產品，並很快解除封存。事情過去之後，業主將一紙舉報信和若干證據送到紀委、監察局，有人證有物證，本應專門負責揭發別人弄虛作假的監督局稽查科的科長，反被人揭發違法亂紀，栽在了偷拍到的錄影上，只得向紀委如實供認自己的違紀違法問題，接受法律懲罰。

失信難平

通用電氣CEO傑克·韋爾奇在其自傳中有這麼一句話：「我們

沒有警察，也沒有監獄，我們必須依靠我們員工的誠信，這是我們的第一道防線。」

2001年以來，以美國為首的西方若干大公司醜聞頻傳，華爾街股市也隨之動蕩。安然、視通、施樂，這些國際大企業、大公司，先後因經濟醜聞數字造假而玩火自焚。為了懲罰企業的造假行為，美國總統小布希多次發表公開演講，聯邦政府的有關部門緊急出臺對應措施。美國人歷來認為自己是信用的國家，而這一回把華爾街拖向深淵的，恰恰是信用的喪失。

假報銀行進帳單、擅自改變募集資金和配股資金投向，嚴重的證券市場違規操作或許帶來的是短期內證券市場融資成功，但笑一時者難笑一世，國外這些著名跨國公司一個個倒下了。國內，我們同樣有一些近視的投機者在股市證券界弄虛作假大搞欺詐，著名的「活力28」洗衣粉製造商便是其中之一。

「活力28，沙市日化。」80年代中期，電視機進入千家萬戶，電視廣告點石成金的巨大威力曾使「活力28」洗衣粉連續多年盤踞國內洗衣粉銷量第一，為全國家庭主婦的首選洗衣粉。隨著美國保潔公司等國外大型日用清潔品生產公司打進中國市場，許多中國國有品牌難以抵禦外來品牌的強大攻勢，紛紛落馬，「活力28」也不再穩坐霸主位置。「活力28」漸漸失去活力，似乎不再活力四射，不再有新聞，也不再有新廣告。直到2000年12月，一條證券行業的新聞使「活力28」的大名再現報刊雜誌。

昔日「活力28」的輝煌難以為繼之時，「活力28」的老闆選

擇了鋌而走險的道路。1996年5月，「活力28」集團股份有限公司更名為湖北天頤科技股份有限公司並集資上市，自上市以來便存在嚴重的違法違規行為，2002年12月，中國證監會對湖北天頤下發處罰決定。

經查，湖北天頤有四大罪狀：一是虛增利潤，在上市申報時和上市後三年內共虛增利潤22792萬元；二是隱瞞重大事件，公司在上市前已辦妥與德國Bene1dser公司合資成立名為「湖北活力美潔時洗滌用品公司」的事項，但在上市申報時未披露；三是擅自改變募集資金和配股資金投向，1996年5月，公司在發行招股說明書中披露了三個建設專案，總投資為14520萬元。該公司將發行股票所募資金全部挪用。1997年10月，公司在配股說明書中披露了六個建設專案總投資為1.15億元。但實際投資金額與配股書所述金額相差5197萬元，改變用途的資金占45.28%；四是編造虛假銀行進帳單，1998年公司在配股時公開披露，國有股代表荊州市國資局以現金2320萬元認購400萬股。實際上，湖北天頤在1997年12月編造了2320萬元的銀行進帳單，並對外公告稱配股資金到位，而真正的配股款於1999年才補足。

誰破壞了「遊戲規則」，誰最終將被淘汰出局，這是市場經濟運行中遵循的不二法則。著名經濟學家吳敬璉和厲以寧大聲疾呼：一個國家信用體系的崩潰不僅僅會給國民經濟和國民消費信心帶來損害，還將對整個社會體系形成深遠的影響。它將造成社會資源極大浪費，交易者喪失了信心，降低生產效益，同時還會造成非交易

領域裡運營規則的極度混亂和整個社會道德水準的淪喪。

爲誰而戰

　　前文中曾經談到一起張老漢爲救孩子搭了命，卻被人家說是自己淹死的冤枉事。20世紀有部主旋律電影《離開雷鋒的日子》，講的是雷鋒當年的戰友喬安山的眞實故事。喬安山於雷鋒身後默默無聞地延續著戰友雷鋒的精神，有貧扶貧，有困幫困，一次搭救被汽車撞倒的行人，卻被受害人家屬誤指爲肇事者。現在這種捨己救人不落好的事兒舉不勝舉，似乎誰學雷鋒誰是傻子，吃虧費力不討好。瀋陽有位計程車司機郭守財，一天在馬路上拉到個男子，剛要開車，跟上來個女孩兒拍著窗戶對男子喊：「把手機還我！」男子不予理睬，催著老郭快開車。老郭回頭往後座一看，上車的這個男子懷裡竟然抱著一把大砍刀。原來這男的是個搶劫犯，剛剛搶了車外那女子的手機要跑。老郭踩了油門打算往公安局開，歹徒見狀開門就跑。老郭開車追，街上有群眾跟著一起追，很快，搶劫犯被抓獲扭送公安局。

　　老郭這樣的見義勇爲和喬安山的遭遇有雷同之處：也是一樣的沒落好。先是追歹徒的時候沒來得及鎖車，車座下藏著的錢袋被人偷走了，然後錄好口供晚上回到計程車公司交帳時，因爲整天基本都忙著抓賊、協助警察錄口供了，掙到的140元錢還給丟了，車主聽說他爲管閒事兒一天沒掙錢，「不務正業」耽誤拉活兒，當場

把老郭炒了魷魚。

　　上中學的兒子還等著爸爸掙錢回來交學費和小飯桌錢，可郭守財倒是拿回了見義勇為獎狀，卻丟了賴以為生的工作。他的老闆代表著社會上為數不少的一類人，見義勇為在他們的眼裡只是耽誤掙錢的不正經的事情。

　　2003年夏，中央電視台《道德觀察》曾經播出過一個案例，東北一個小城，女中學生放學路上被一個酒徒攔路劫持到郊外強姦。後來警察一調查，從小姑娘遭遇罪犯到最終被強姦的過程中，小姑娘曾經在胡同裡幾次大聲呼救，還趁罪犯不備，掙脫並跑進了一個路邊的藥店請求幫助，藥店的店主明明看到了聽到了，卻仍然張羅著手裡的生意，直到匪徒跟進藥店，揪走了小姑娘。出門後，正好又遇到了小姑娘的同班同學。據小姑娘後來回憶，她當時哭著對兩個同學說「救救我」，但是兩個同學卻對她說「我們管不了」，然後騎車一溜煙跑走了⋯⋯

　　良心何在，人心何在！這宗強姦案和都江堰那起弱女子遇害事件一樣，原本有太多機會可以避免，小胡同裡門挨門地住著好幾十戶居民，當時是晚上七八點鐘，小姑娘呼救聲音難道沒有一家人能聽見？只要有一個人肯出來喝止罪犯，把小姑娘拉進屋，事情也許就到此結束；再來看看那個藥店的女店主，記者後來登門採訪，追問事發當時的經過，她開始辯稱：當天晚上客人很多，沒有看到有這麼個小姑娘曾經進來過。可說著說著當記者問她，如果是你的孩子被強姦犯劫持了，你會怎樣，女店主露了馬腳：我的孩子我當

然管啦！可我不認識她，她闖進來我怎麼知道那是怎麼回事兒，而且哭哭啼啼渾身髒兮兮的，沒法子管啦！於是小姑娘第二次本可以獲救的機會又這麼破滅了。第三個希望是她的兩位同學，即便兩個女同學害怕鬥不過一個醉漢而不敢出手，情有可原，她們可以趕快通知公安局、家長，取得他們的幫助——而這兩位所謂的「同窗」不但棄其不顧跑開了，而且回到家裡對誰也沒講這件事情。

　　這個小姑娘事後哭著對記者說，她後來漸漸就絕望了。被揪上計程車後，那個司機眼看來頭不對，也沒有出聲，把他們拉到郊區就收錢離去了。事發後，那兩位同學始終都躲著她、不見她。也許僅僅是一聲呵斥，一朵含苞待放的小花兒就不會遭歹徒蹂躪。或者我們可以說，是路人、同學的良心泯滅，同歹徒一起對這朵小花兒下的毒手吧！

　　是不是人們為了怕惹禍上身，全都選擇明哲保身呢？也不盡然。這個「出手」與「不出手」之間的權衡就是個人利益。一個人的自身利益出了危機有了麻煩，肯定不肯善罷甘休；一群人的利益出了危機有了麻煩，那就是打群架了。

　　有人說打架是市井小民才幹的事，君子動口不動手，那不妨看看發生在廣州的一場打群架事件。就在2003年，廣州醫藥及藥品展覽會上，這個知名廠商雲集，西裝革履的人們摩肩接踵的會場裡，動拳頭的是來自全國150多家醫藥企業的參展商代表，他們因為不滿展會組織混亂，幾乎在展場上鬧翻了天，主辦方一負責人幾乎被數百參展商代表打死。

　　在現場，憤怒的參展商們七嘴八舌地「聲討」主辦方，據稱，這場「2003中國（廣州）醫藥及藥品展覽會」原定舉辦3天，豈料眾參展商於開展的第二天按時前來會場時，卻被突然告知展會已結束，會展中心只與主辦方簽署了2天的辦展協定。除胸口掛牌的參展商外，持入場券前來參觀洽談的所有人都被保安拒之門外。沒有任何人告知參展商們提前閉館，許多展商都約了有簽約意向的客戶20日前來深談簽約，誰知主辦方竟連夜強行拆除了他們的攤位，也不讓客人進場，前兩天的洽談成果都化作了泡影。這次展覽組織一開始就是一片混亂，號稱有國內300多家企業以及來自加拿大、新加坡、日本等國外800多家企業和貿易商參會，而開展時展館外卻是一片靜悄悄，沒有任何宣傳冊、旗幟等，放在攤位上的贈品、精美的資料等也被人拿走據說是當廢品賣。*1*

　　注1《2003中國（廣州）醫藥及藥品展覽會在琶洲發生暴力衝突，百餘參展商圍毆主辦方老總》：2003年11月21日，《新快報》。

　　合同就是鈔票的釣魚鉤，談不成生意簽不成合同，搞營銷的誰也摔不起這個跟頭。黑心的會展商謀財背信，一騙就是一百多個企業。各個企業頂尖的營銷高手們變身「拳壇高手」，主辦方之一的人傑展覽公司的總經理被憤怒的參展商們從會展中心一樓追到二樓圍毆。這場群架一直打了五六個小時，從早晨持續到下午，會展方派出保安和物業負責人出面協調無果，最後也束手無策。

這個打架的故事，出乎意料，令人長歎。

在動物的世界裡，母螳螂齧噬公螳螂是為了繁殖後代；老虎撲食兔子和小鹿是為了填飽肚子生存；在人的世界中，繁衍和果腹都並非大問題，人與人之間的廝殺和爭鬥，是為了利益。經常可以看到報刊雜誌上刊登這樣的動物趣聞：某地母豹產子而亡，小豹沒人照料，於是有狗媽媽將小豹攬在懷裡餵奶；某村一隻小鴨子沒了媽媽，鄰居家和藹可親的雞「媽媽」把小鴨子帶到自己的翅膀下，於是每天早晨一群小雞隊伍中就總有個搖搖晃晃的小鴨子。動物尚懂得互幫互助無所謂得失，而比動物「高級」許多的「人」呢？幾十年前，我們謳歌羅盛教、邱少雲捨生取義，為了他人的安危、祖國的利益，將個人生死置之度外；幾十年後，我們嘖嘖稱道的周正毅、劉金寶「生財有道」，為了個人利益，將他人生死置之度外。

第六章
民生之難

　　沒有經過大缸浸泡的豬腿到處爬滿了蒼蠅，但是浸泡後的豬腿卻沒有蒼蠅靠近……

　　海城市8所學校的3000多名小學生，喝了有關部門推薦的學生營養豆奶後大面積中毒……

　　記者最先看到的不是糖蒜，而是鹵水表面上密密麻麻的一層死蒼蠅……

上榮
七再度
退选料特別
奄制、加工方法
老少少无人不知
以来引进现代企业的管

誠信無小事

有人說，我一不偷二不搶，平頭百姓吃吃喝喝，總不會牽扯到什麼誠信問題，犯什麼錯誤吧。其實不然，事實上，這種吃吃喝喝所造成的損失，非但不小，還有「千里之堤毀於吃喝」之患。

談到嘴，談到國人的胃，古往今來的故事許許多多。從楊貴妃的荔枝「妃子笑」到慈禧挪用軍款擺的壽筵，大吃大喝往往和政壇腐敗有著密切的聯繫。自從中國共產黨脫下征衣，從革命者轉爲社會主義建設事業的領導者，黨就在爲防止自身的腐化變質而進行著不懈的潔身運動，其中，禁止公款吃喝一直是一項重要的內容。迄今爲止，中央關於禁止公款大吃大喝的文件和通知已經下發了上百個，但依然收效不大，人民群眾對這一問題的反應仍然強烈，尤其是對那些中飽私囊的公款吃喝消費者更是切齒痛恨。在每年的鉅額公款招待費中，因多種名目而被騙進私人腰包的公款有多少？只有天曉得。

看似「小小意思」的不誠信現象在國人眼中司空見慣。爲騙保險，爲證明醫院負有醫療責任事故，或者相反，爲推卸上述責任，或者也許僅僅因爲自己想偷懶，要求醫生填一份假病歷或開一張病假條⋯⋯事實上，就是這些小得不能再小的事情，潛於無形中日益侵蝕著我們整個社會的良好風尚。日常所司空見慣的餐巾紙小不小？我們不妨就從這片薄薄的餐巾紙，來談誠信問題。

餐巾紙是人們經常會用到的一種衛生用品，尤其到餐廳就餐

時就更離不開它，可眼下，越來越多的人在外出就餐時，拒絕使用餐廳提供的餐巾紙，而是自己隨身攜帶使用。其實就是自帶的紙巾也不見得保險。在很多人的印象中，假冒偽劣產品多在鄉野僻壤加工銷售，而劣質餐巾紙的生產加工卻不然，就在北京太陽宮、岳各莊等幾個商品批發市場，批發餐巾紙的攤點一家挨著一家，而生產廠家就設在離這裡不遠的地方。正規廠家生產的餐巾紙，一般批發價要60元一箱，而另外一些同樣標明「高級」的餐巾紙，在批發市場公開售價僅10元一箱。這種餐巾紙價廉物不美，雖然都印有已消毒和衛生消毒產品的批准文號，但其生產加工的實際過程和正規餐巾紙有天壤之別。

很多人恐怕都還記得改革開放之初那幾年，城鎮普遍銷售使用的那種質地粗糙的衛生紙吧。隨著人民生活質量不斷提高，那種類似「皺紋紙」的手紙早就退出了商店櫃檯，偶爾只能在一些小城鎮和農村的商店裡看到。這些衛生不符合標準、質地很差的衛生紙，在投機取巧者的手裡卻完全可以變廢為寶。一些小造紙廠把這種衛生紙的半成品經過簡單的漂白、壓花、切割，餐巾紙就「製作」完畢了。

到底這種半成品衛生紙的紙漿來源是什麼？根據國家強制性標準規定，餐巾紙的生產環境和原料的選用都要高於衛生紙，對產品的衛生標準和消毒要求則更高，當然成本也同樣比衛生紙的成本要高出許多。而據業內人士介紹，一些小造紙企業賺錢的訣竅就是在紙的原料上：廢棄的破書爛報、污垢黏連成團的爛紙、使用過的

衛生巾、醫院廢棄的各種一次性紙墊……在保定，很多生產餐巾紙的造紙廠，都大量回收這些紙類生活垃圾，任其污穢不堪臭氣熏天而不顧，把這些廢料一堆堆地填進一個鐵罐似的容器裡。有墨漬血漬不怕，顏色再深的紙漿，添加了脫墨劑和增白劑，瞬間就能變得雪白。這些經過粉碎、蒸煮、脫墨、漂白工序後的垃圾廢紙，根據經銷商的需要就加工成了餐巾紙。

根據國家強制性衛生標準，生活用紙的原材料不得採用垃圾紙等含有病原微生物及有害物質的原料，而且禁止使用廢棄的衛生用品。而這些經過脫墨和增白的餐巾紙雖然外觀潔白耀眼，但是很難保證達到衛生標準。這樣不規範的小造紙廠，十家的產量不及任何一家正規廠家，但因為他們生產出來的餐巾紙直接流向人們常去的餐館和小吃部，所以產量不大，危害卻是不小。值得留心的是，這些小造紙廠有著共同的特點，就是都不掛廠名，廠址、電話也經常更換。雖然生產的餐巾紙不合格，但是這些企業都有衛生許可證、排污證等，都是五證俱全。

除去餐巾紙外，類似「小小意思」的弄虛作假也不乏其例。從嘴上跟人們弄虛作假的還有牙膏。出門在外，很多朋友會選擇住賓館、飯店。因為這些消費場所一般都會為客人提供方便的服務，住宿、飲食，還有生活中的一些必須用品，像牙刷、牙膏等。這些用品往往都是一次性的，不少都是中華、黑妹等名牌產品。

揚州市邗江區杭集鎮的道路兩邊，店鋪林立。店鋪裡，牙膏、牙刷、洗髮液、沐浴液等賓館旅遊用品琳琅滿目，杭集鎮經銷

賓館、旅遊用品的店鋪有七八百家，是我國賓館、旅遊用品主要產地之一。類似旅遊牙膏、毛巾等賓館旅遊行業的這類客房消費品，有很多都出自於這裡。揚州郊區的一些加工廠，就把主意打在了一支支小小的旅遊牙膏上。

杭集鎮的店鋪裡，正貨旅遊牙膏批發價一毛多一支，而假貨只有六七分錢，差價大約5分錢左右。別小看這5分錢的差價，一般賓館飯店的採購員一次性就要購買成千上萬旅遊牙膏，5分錢積少成多，也是一筆可觀的數字。杭集鎮這裡很多都是前店後廠，真正的黑妹牙膏生產廠家原在廣州，而一次性的小「黑妹」就誕生在揚州郊區這塊土壤上。這些所謂的廠家事實上都是家庭作坊，兩間屋子一口缸就組成了一個廠房車間，幾個農民廉價購買的香料、石膏、凝固劑倒進大缸一攪拌，再裝進牙膏皮，小「黑妹」、小「兩面針」的生產過程就結束了。

國家旅遊事業不斷發展，大大小小的賓館酒店像雨後春筍一樣在大中小城市裡群起比高，賓館客房用品的需求量越來越大，見

利忘義的造假者的生產能力也越來越高。家庭作坊式的加工廠一天就至少生產六萬支到八萬支旅遊牙膏，利潤可觀。原來合法生產、為大賓館提供洗髮液和沐浴液的廠家也被這樣的盈利捷徑所

吸引。同樣在揚州市，日生產洗髮液和沐浴液在十噸以上的大廠居然也作假，而且手法更隱蔽，他們生產的假冒旅遊牙膏都能順利通過有關部門的檢測，被認定為合格產品。原因何在？原來，這些大廠一般都採取正常生產和造假生產「兩手抓」的措施，一有人抽檢，車間內就生產合格的正規產品，隨便拿給檢查人員，當然質量都合格。而工商質檢的工作人員前腳一走，他們立馬換掉好原料，改產假牙膏假洗髮水。假貨就這樣蒙混過關，通過批發零售幾道途徑，最終擠到消費者的牙刷上。

人們怕了假餐巾紙，於是紙巾全部自備隨身攜帶；人們怕了旅遊牙膏，於是出差之前往旅行包裡放進自備的牙膏使用，可生活中這樣、那樣的假貨，豈止餐巾紙和牙膏這些小東西而已？食品造假、服裝造假、政績造假、幹部履歷造假、合同造假、財務報告造假、文憑造假、歌星假唱，書籍光盤盜版幾乎遍及所有地區，製作假文憑假證件假發票的攤販甚至公開把地攤擺到學校、機關的門口。小到牙籤，大到機床，還有什麼不能是假的？

民以食為天

在以農業為國家經濟主體的封建社會，中國人眼中沒有什麼比吃飯更重要的事了。改革開放之後，中國的農副產品已經達到了自給自足，年年有餘的階段，中國人在實現了溫飽大跨越之後，現在更關心的是食品的質量問題，食品安全已經成為國人眼中的頭等

大事。有關假冒偽劣食品的投訴，近年來一直居高不下。2002年，全國工商管理機關受理消費者關於食品類的申訴超過8萬件。

　　1998年的春節前夕，家家戶戶掛起大紅燈籠，到處呈現喜氣洋洋的節日氣象。然而在山西朔縣等地，卻是一片沈寂。這裡許多人家由於喝了假酒中毒，導致雙目失明、神志不清，甚至是死亡。經初步瞭解，由於飲用了有毒散裝白酒，中毒的人多達幾百，死亡27人。經過化驗，這些白酒中甲醛含量超過國家規定標準的9倍多，這是一起嚴重的惡性假酒致人死命案件。

這一事件的起因之一，僅僅是造假者要給他老婆買一對金耳環。為了多掙點錢，於是在本已經兌了大量水的酒中又加了大量甲醛，據說這樣口感會更好，價錢也能賣得更貴一些。僅僅是這樣一個簡單的理由，就導致了一場震驚全國的假酒中毒案，造假者和他老婆被判處死刑。在宣判大會上，造假者老婆的耳朵上就掛著那對金耳環。

　　嚴重的誠信缺失，不僅製造了受害者的悲劇，同時也是造假者的悲劇。然而，問題還不僅這些。假酒，能致人死命，一時間人們談酒而色變。拒絕假酒，不買山西酒，成了絕大多數消費者的自發行動。事件發生後，朔州酒不僅再也沒有外銷過，連朔州當地也

沒有一家經銷商願意銷售。這使得朔州所有白酒企業幾乎全部陷於停頓，山西的名酒「汾酒」、「杏花村」等，也銷量大跌。有著1500年釀酒歷史，在20世紀80年代曾經連續6年奪得中國白酒行業綜合效益第一名的山西汾酒，當年的銷售量也因此減少一半。時至今日，汾酒集團公司還在為收復失地而用盡氣力。

被失信行為害苦了的消費者，對失信的自發行動，就是抵制。惹不起，還躲不起嗎？這是普遍的行為反應。拒絕購買失信產品，就是公眾的抵制行動。而這種抵制，往往是株連九族。河南原陽的毒大米，賣到廣州並致人死亡，這個事件被稱為「廣州毒大米事件」，原陽的大米遭了殃；山西文水縣個別人生產的毒酒，在山西朔州喝死人，被人叫做「朔州毒酒案」，朔州的白酒遭受了滅頂之災；英國發生的瘋牛病，被人稱為「歐洲瘋牛病」，歐洲的牛肉和奶製品，被其他國家和地區列入了禁止進口的名單……

在孔子的家鄉曲阜，一位老者面對孔林長歎：孔子幾千年前就講仁義禮智信，我們尊孔尊了幾千年，到如今製假造假，詐騙貪污，背信棄義成了司空見慣、見怪不怪的事了！不能再這麼走下去，再往前走，就是深淵！在平地上生活習慣了的人，臨深淵之頂往下一望，多半會眩暈，心驚膽戰。可站的時間長了，看的時間久了，也就習慣了這種視覺恐懼而無所謂了，甚至恍惚中不覺得自己已是身臨懸崖。今天的社會中有許許多多的虛假和欺詐，假藥、假煙、假酒、假發票、假履歷、假合同，河北有個農村婦女，結婚三年了才發現丈夫在陝西還有個媳婦——無孔不入的「假」橫行不

絕，讓人們也有了臨淵無懼的大無畏精神。不是不怕，而是習慣造成的一種麻木。食物、藥品、交通工具，只要有人買有銷路，騙子們敢拿鐵皮磋硝做導彈。

2003年，北京一婦女在一家門臉兒很大的超市購物回家後，將其中的火腿腸切開，準備食用。可一聞，臭氣熏天。熟肉製造屬於食品加工，是老百姓每天都離不開的行業，其間欺詐行爲卻比比皆是。

　　浙江特產金華火腿，始於唐、盛於宋，至今已有1000多年歷史。清光緒年間，金華火腿在德國萊比錫舉辦的國際博覽會上榮獲金獎；1915年在美國舊金山舉辦的萬國商品博覽會上再度奪得金獎，被公認爲世界三大名牌火腿之冠。金華火腿選料特別，當地的地理氣候條件獨特，再加上流傳千年的醃製、加工方法，生產出來的火腿味道遠遠超過一般火腿，老老少少無人不知「金華火腿」的大名。浙江金華，自改革開放以來引進現代企業的管理辦法，將作坊式的火腿加工引入工廠車間，大大小小的火腿加工廠鱗次櫛比，金華人伴著「火腿」走上了致富路。可是有的小廠加工出來的火腿只能閉著眼吃，不能細品味，更不能參觀它的加工點，否則保證一輩子都不打算吃火腿了。

「火腿的味道就是腳丫子的味道，腳丫子的味道調到火腿裡面，火腿的香味就出來了。」——這並非姜昆、馮鞏的相聲，而是做火腿的人實話實說。某次電視台記者暗訪金華火腿加工點，眼看著正在清洗醃製豬腿的工人光著雙腳就跳進了水池子。有人說，這種小加工點的倉庫裡想必蒼蠅到處飛，答案是錯誤。他們為火腿引進了「防蠅防蛆的特殊工藝」——往醃製火腿的大缸中加敵敵畏。敵敵畏毒性較強，人誤服後對消化道和胃黏膜有強烈刺激作用，可導致胃黏膜損傷，甚至引起胃出血或胃穿孔，對蒼蠅蚊子之流的藥效就更大，沒有經過大缸浸泡的豬腿到處爬滿了蒼蠅，但是浸泡後的豬腿卻沒有蒼蠅靠近。經過兩個月的短期發酵，工人們自行給這些火腿蓋上本來應當由產品管理部門蓋的檢疫合格章，再「穿」上仿造大廠品牌的漂亮外包裝，最後經過所謂上級監督抽查，「金華敵敵畏火腿」就這麼批量上市，走入千家萬戶。浙江、江蘇、北京、烏魯木齊、太原，有火腿的地方就有金華火腿，有金華火腿的地方就難保沒有這種「敵敵畏火腿」。蒼蠅，據說出現的比人類還早幾年，它們依靠對食物的瘋狂追逐和對環境的極度適應能力而生存到今天。有什麼事會讓「嗡嗡嗡」的蒼蠅也避之不及呢？那一定是一件極不平凡的事。果不其然，中央電視台《每週質量報告》記者曝光了金華火腿的加工製作過程後，火腿「打敗」蒼蠅，金華火腿再次「出名」。

圍繞金華火腿的話題不止質量問題這一點。媒體曝光了金華地區部分企業在火腿中添加敵敵畏的事件之後，「金華」火腿商標

持有人——浙江省食品有限公司反應強烈，由於「敵敵畏火腿」事件發生在金華，金華火腿加了敵敵畏的說法令該公司的金華火腿受到牽連。雖然從政府到企業都為金華火腿的千年聲譽而憂心忡忡，但金華市和浙江省食品有限公司卻並非是同一條戰壕裡的戰友。由於「金華」火腿商標的註冊人是浙江省食品有限公司，因此金華人要在產品上使用老祖宗留下來的「金華」二字時，必須向浙江省食品有限公司繳納每只火腿約2元錢的費用，這令金華人難以接受。今年2月，浙江省食品有限公司以金華的火腿生產企業在產品銷售標識上印有「金華」二字，對該公司已註冊的商標構成侵權為由，向各地工商部門舉報要求嚴肅查處。

從20世紀90年代初開始，為了金華火腿商標而發生的糾紛，已不下上百場。金華市與浙江省食品有限公司之間的糾紛不斷，以致金華火腿這一傳統品牌遭到了來自國內外各種假冒偽劣產品的侵害。金華火腿行業協會會長倪志集更是無奈地表示，他們已為金華火腿的商標糾紛耗費了太多的精力。令人尷尬的是，國家質量監督檢驗檢疫總局又於2003年4月24日宣佈對以原金華府轄區為準的現15個縣、市（區）行政區域範圍內生產的金華火腿實行原產地區域保護。兩種金華火腿的紛爭高燒不退。

雖然金華市和浙江省食品有限公司對誰能使用金華火腿這一金字招牌各執一詞，但他們都曾是這一金字招牌的受益者，而這一次，金華火腿前邊加上了「敵敵畏」三個字，他們轉眼間又都成為了共同受害者，而害人者，恐怕就是金華人自己。

　　劣質食品嚴重威脅著人民的身體健康。但也有劣質食品「造福」公眾的事情。若干年前，李金鬥和陳湧泉曾經說過一個《老鼠》的相聲：一窩老鼠在倉庫裡做了窩，倉庫管理員在牆角放了老鼠藥，想毒死這些偷吃東西的小東西。沒想到老鼠藥是假冒的，耗子們不但吃不死，還吃上了癮，三天不吃想得慌！這段包袱抖得很隱晦，暗地裡揭露的就是製假造假的泛濫。沒想到幾年後，有關假老鼠藥的真事兒也發生了。《北京晚報》前不久刊登了一則地方新聞，說是一對夫妻打架吵嘴，妻子一時想不開，抄起家裡的耗子藥就吞，丈夫趕緊把企圖自殺的妻子送到醫院，結果大夫一化驗，藥是假的，成分都是澱粉。丈夫事後表示，「多虧」這些假老鼠藥，否則萬一路上耽擱，自己就要打光棍了。

　　為了打擊假冒偽劣，各級政府不得不設立專門的機構——「打假辦」；不得不多年搞「質量萬里行」；為了防止經濟領域的各種違規犯罪活動不得不增設許多不同領域的監控、監督專門機構並提高行政級別；為了保障安全，銀行不得不使用武裝運鈔車；保安、保鏢開始成為公安以外的一項專門行業。

　　某報載，在陝西某地盜墓最盛的時候，每屆夜晚，燈火通明有如集市一般，不知道的人還以為是當年農業學大寨在挑燈夜戰。中國是最講尊老敬祖的國家，面對如此「萬家燈火」挖祖墳的場面，記者無言，蒼天有淚。

　　2001年至2003年，我國連續發生中小學生豆奶中毒事件。僅

遼寧一省：2001年9月，有媒體披露遼寧50萬名學生飲用的豆奶是劣質產品，但是問題沒有引起足夠的重視；2002年9月24日，遼寧省淩源市部分中小學生飲用豆奶後出現中毒症狀，到各醫院就診的達上千人；2003年3月19日，遼寧海城市8所學校的3000多名小學生，喝了有關部門推薦的學生營養豆奶後大面積中毒。不僅遼寧，在四川、吉林，學生飲用奶也曾經引發大面積中毒事件。

海城豆奶事件的事發當天上午，遼寧省海城市興海管理區所屬站前、鐵西和蘇家等8所小學3000多名學生集體飲用鞍山市寶潤乳業有限公司生產的「高乳營養學生豆奶」後不久，一些學生出現腹痛、頭暈、噁心等症狀，隨後這些學生被學校送往醫院治療。事發後幾天之內，到醫院就診檢查的學生不斷增加，海城市各大醫院一時間擠滿了因喝了豆奶而導致眩暈、昏厥、抽搐等症狀的孩子。因為人數太多，還能勉強走路的孩子只開了點感冒、止痛藥就不得不離開醫院。由於一直不知道孩子中的是什麼毒，醫生們也不知道該怎樣給孩子治療，只能採取最基本的保守治療，病情較嚴重的孩子被家長送往北京、上海求醫。二十幾天後，海城市鐵西小學女生李洋病死，人命引來了媒體的介入，「捂」了20天、造成近3000名小學生中毒、1人死亡的「海城豆奶事件」被曝光，國內輿論一片譁然。根據國家推廣「學生飲用奶計劃」中的規定，對生產學生飲用奶企業的要求要遠遠高於一般奶製品企業。按這一計劃，原本應該實行嚴格的定點企業資格認證制度，選取生產規模較大、奶源有保證、生產設備先進和確保生產質量的奶製品企業進入學生飲用

奶生產行列。明明有這樣的規定，劣質、有毒的豆奶為何仍然一次又一次荼毒校園？

在海城市普通商店內，同質量豆奶定價平均不過3角，僅是「毒豆奶定價的一半」，學生豆奶既有利潤，又能打響企業的招牌，一些地方政府就希望自己轄區內的企業取得豆奶生產權，以從中得到利益。原本遼寧省有幾家國家指定的學生奶定點生產企業，但鞍山市卻希望鞍山本地的一家企業作為學生奶的供應者，並通過各種手段以達到自己的目的，「毒豆奶」的生產廠家就這樣取代了正規廠家地位，拿到了生產許可證，從而為釀造惡性事件埋下了禍根。

推行「學生飲用奶計劃」，是世界上許多國家為改善學生營養和健康狀況而採取的一種通用而有效的做法，得到有關國際組織的充分肯定與支援。中國「學生飲用奶計劃」由國家計委、財政部、教育部、衛生部等八部委局聯合推出，這一計劃的實施將對改善我國青少年的營養健康狀況、提高國民身體素質具有重要意義，對我國的經濟發展和民族強盛產生深遠影響。但截至2003年，多家省市自治區本已開展的「飲用奶計劃」處於擱置狀態，上海市早在2001年部分城市飲用奶質量問題初現端倪的時候，就暫停實施此計劃了，在滬專家學者多次上書政府希望重新啓「飲用奶計劃」即將重新開始在上海中小學推廣時，「海城豆奶事件」的爆發，再次將此計劃打回冷宮。一瓶「毒豆奶」就這樣禍及一項國家長遠戰略決策，城門失火，殃及池魚。因個別人、個別企業失信而導致全盤

遭受株連的事，在市場經濟時代已經成為一種普遍現象。

　　深圳市寶安區一些炸豬油的作坊，煉起豬油來就像做實驗，一會兒倒些液體進去，一會兒倒點粉末進去，豬油的顏色也隨之發生變化。放進去的都是一些有害的化學物質，煉出來的又是什麼？

　　每天早晨，深圳市寶安區幾個集貿市場的豬肉攤前總是人來人往，生意興隆。可就在這紅火的交易背後，我們發現這樣一個怪現象：幾乎在每個賣肉的攤檔下面，都有一兩個黑塑膠袋。老闆們將肉分割後一些碎肉和不要的雜碎都裝進了黑塑膠袋裡。市場裡不時有一些人，將各個攤檔的黑塑膠袋收集起來，進行簡單的分類後便將它們運走。

　　這些收集起來的邊角料來做什麼？用來煉豬油。收肉的人以六毛到一塊錢一斤的低價收購雜碎肉，帶回自己的加工點。惡臭撲鼻的加工點裡，裝著碎肉和雜碎的黑塑膠袋亂七八糟地堆在地上。工人們將黑塑膠袋割破，把肉從塑膠袋裡拿出來，簡單地分割一下，再把切好的肉倒進一個大桶裡涮涮算是清洗，然後就開始用水煮，肉上的渣子和油污經水一煮就可以煮掉。切好洗好煮好，第四步是對這些已經發綠變臭的肉進行特殊處理——添加過氧化氫，也就是雙氧水，以使這些肉變白。用雙氧水漂煮後，綠肉變成了白肉，肉上的臭味也消除了很多，煉豬油正式開始。這些邊角肉很髒很臭，並且用它們煉油時油會起泡泡。起泡了就加工業消泡劑，然後再次加入工業雙氧水，目的是把油漂白，使油看起來更好看。而

193

鍋裡加過雙氧水的油的確比剛才清亮了許多。一桶桶豬油就這樣被加工出來，由於煉油廠的老闆們都有固定客戶，這種比正常市場價格低一半的豬油在當地供不應求。深圳市場上豬油需求量不小，一些小飯館幾乎天天專門來煉油廠以每斤2.3元的價格購買100斤這樣的豬油。而這樣的豬油，老闆自己是絕對不吃的。事實上這種劣質油也根本沒法吃，豬吃了都會拉肚子，何況人呢？

在深圳寶安區，像這樣大大小小的煉油廠有十幾家，每天都有大量的劣質豬油從這些煉油廠流進當地市場。煉豬油主要來源於板油和肥油，煉油的原料非常重要，首先要求衛生，不能用種豬、有病的豬和垃圾豬等做原料來煉豬油，這些變了質的東西由於細菌的過盛繁殖，由於垃圾等物質的污染，在煉製過程當中都會混入豬油中，人食用時會有危害。雙氧水是一種氧化劑，它可以用來漂白；消泡劑有一類用於食品，要求有很高的純度，另一類純度低的消泡劑裡，含有大量重金屬，像砷、鉛甚至還有苯環、雜環等聚合物，極端危害消費者的身體健康。

「毒油」黑幕

還是一樁油案，說的是一家國際知名速食連鎖店，揭開的也是有關「油」的黑幕。

「更多選擇、更多歡笑，就在XXX」，耳熟能詳的廣告歌讓這家速食連鎖店的宣傳深入人心。2002年，有人向中央電視台反映情

況，這家美國速食連鎖店的北京某分店，將使用過的廢油出售。央視記者姚海鷹根據線索在這家連鎖店蹲守偷拍，果然揪出了這家窗明几淨、享譽全球且深受中國消費者喜愛的國際速食連鎖店的一些幕後秘密。

這家速食連鎖店每晚11點鐘準時打烊，一般提前十幾分鐘，員工們就要開始忙忙碌碌地做清潔、清理當日的各種廢品。每家食品店裡日常都要產生大量食品垃圾，其中煎炸食品的廢油也是其中之一。按道理說，使用過的食用油應當廢棄，不得過濾後二次使用。這些廢油去哪兒了呢？在後來播出的質量曝光節目中，我們看到這家連鎖店的員工先拿一些冰塊放在門口的大塑膠袋裡，然後將塑膠袋放入一個大概有0.08立方米的包裝盒中，這就成了一個簡易的容器，整個連鎖店的門口一下子就形成了十幾個這樣的容器。接著，另外幾名男員工開始從廳堂內提出一桶桶黑色的渾濁的油倒入其中，一個容器裡要倒四五桶才能裝滿。幾個員工來回穿梭，顯得非常熟練，很顯然，這種夜幕下的操作已經有很長時間了。大概一個小時左右，這些油就被凝固成了深黃色的塊狀，然後從包裝盒中提出來，就成了「袋裝毒

油」。「袋裝毒油」是拿來賣給拾荒者的，拾荒者與連鎖店之間的毒油交易不止一天兩天，爲了得到這些毒油，每月需支付連鎖店經理幾百元錢，還要每天做大量的體力勞動，這些費錢費力得來的廢棄毒油得手後，再低價轉賣給低檔餐飲業和養豬戶。

高溫下重複使用過的廢油會產生致癌物質，含有大量對人體有害的苯類成分，根本不能食用，不僅人不能吃，動物牲畜也不能吃。吃這種油產生的毒副作用在醫學上稱爲「蓄積中毒效應」，它慢慢在人的肌體中蓄積，使人慢慢中毒，不會一下子顯出徵兆，要較長時間後才能顯現出來。這家速食連鎖店在美國等西方國家的分店，廢油要出錢請專職人員處理。爲什麼在中國，卻可以這樣不負責任地將廢油賣給拾荒者，再任其轉賣流向百姓餐桌和養殖場呢？是不知道這些廢油的危害性？還是在經營管理中「偶爾」出現的失誤呢？

該連鎖公司就此發表了一份聲明，稱廢油全部由化工公司回收，但記者的攝像機拍攝下的鏡頭最具有說服力，謊言被事實一箭揭穿。視此情況，速食連鎖店選擇了「沈默是金」的冷處理原則，唯有這樣，「毒油事件」對這一個國際大公司在全球的品牌形象的影響才會減低到最小。

信用資源是企業的一個新型的戰略資源，過去我們一講到資源比較多的講到金融資源、人才資源、技術資源，但是信用也應該從資源的角度去看待它。北京大學中國信用研究中心主任鄭學益對

企業信用資源有如下見解：

　　信用資源實際上並不是所有的企業都有的，金錢、技術任何資源都不能取代信用這個資源。企業有了這個資源，他就有了一個持久的發展動力，如同金錢買不到生命一樣，信用資源就像人的生命一樣重要，不能替代。企業信用資源還是一個比較脆弱的，很容易受到破壞的資源，因為信用資源本身是人與人之間的信任的程度，是評價。但是評價有高低，信用的程度有好壞，一旦受到社會上各種各樣複雜因素干擾影響，脆弱的信用資源就很容易受到影響受到破壞。溫州的假鞋，晉江的假鴨到今天為止人家還在講，誠信資源喪失容易修復難，一旦失去，修復起來就需要付出巨大的努力。另外，信用資源還有不可間斷性的特點，企業信用不是一朝一夕建立起來的，需要點點滴滴、踏踏實實積累而成，不可能說今天講誠信，明天不講誠信，今天守法，明天不守法，企業信用資源要遵循可持續發展的原則，開發企業的信用資源不能局限於局部利益，局限於眼前利益，要著眼於長期利益，著眼於全局利益。用錢買不到的東西才是最貴的，道德用錢買得到嗎？利用得好，企業信用資源產生出的正是這種多少錢也買不到的東西。

　　產生合理的有效的企業信用資源可以產生幾方面的力量：第一個是轉化力。企業品牌的力量與核心競爭力量包含著企業的價值觀、道德規範和聲譽，這些均可以轉化為金融資源；第二可以產生營銷力。擴大市場份額，提高市場佔有率，有效佔領市場。

197

品牌凝聚著無形資產，無形資產最核心、最本質的東西就是信譽。麥當勞之所以形成全球速食「巨無霸」的架勢，就在於它的信譽高，它在全球各個連鎖店出產的漢堡包都有統一的質量保證。信用資源不是說什麼時候需要講信用了才講信用資源，而應該天天講，隨時講，把信用資源放到新型戰略資源的高度去認識、開發、利用。再小的買賣也能夠通過良好的聲譽和信用發展壯大；再大的企業忽視了信用和聲譽，也會被各種各樣的信用問題擊倒。

商業信譽問題，既是一個道德問題，又是一個經濟學問題。企業在商業經營過程中選擇遵守道德還是踐踏道德，說到底是一個成本——收益的問題。城門失火，殃及池魚，當大多數人都不遵守道德誠信時，遵守誠信的成本就變得昂貴，而且收益低廉；而當大多數人都遵守誠通道德時，遵守誠信的成本就低廉，收益則會豐厚。

土法醃菜，化腐朽為神奇

老話說，王婆賣瓜自賣自誇，商家為了賺錢，一般來說總是會向消費者說自己的產品質量好，既安全又衛生。可在天津靜海縣一位醃菜廠的老闆卻說，如果看見他們醃製醬菜的過程，你就再也不想吃醬醃菜。商家主動坦白自己的產品質量難以保證，這在生意

場上還真是少見。看了他們醃的醬菜，誰要是還敢再吃，那他是真夠膽大的。央視新聞頻道就有這麼一位記者姓周，最近發誓一輩子不吃醬菜。原因很簡單，他參與了曝光天津市靜海縣醃製噁心醃菜的暗訪。

天津市靜海縣陳官屯一帶一直有醃菜的傳統，據當地人介紹，這裡生產醃菜已經有近二三百年的歷史。他們這裡的醃菜品種多、質量好，產品行銷全國各地。可真實情況是怎樣呢？小周採訪歸來，對電視台的同事們說：我到現在鼻子裡似乎還都有陳官屯那股鹹腥的氣味。

通過周記者的偷拍機拍攝下的鏡頭可以看到，僅在公路兩側大大小小的醃菜廠就有三四十家，這些醃菜廠廠房大多很簡陋，一個簡易的棚子下就是醃菜的池子，有的廠甚至把醃菜池直接就建在了露天處，晴天一池子土，雨天一池子泥，根本談不上半點衛生。

記者特意把自己的形象弄得很差，裝成了一名地道的小販，前往購買醃菜。走進一家名叫「匯豐」的醃菜廠，老闆熱情推銷剛剛醃制好的糖蒜。然而記者最先看到的不是糖蒜，而是鹵水表面上密密麻麻的一層死蒼蠅。小周被噁心得夠嗆，忍不住問老闆：你這都是蒼蠅啊！老闆的回答令人哭笑不得：「有蒼蠅不要緊，撈啊，棚子一敞開，難免

199

落蒼蠅，咱有笊籬，一撈不就完了嗎。這裡的鹹水都是24度鹵，什麼細菌也生存不了。你看所有的蠅子一落就死。」

看來醃菜池裡的蒼蠅算不了什麼問題，醃菜擺上餐桌時看不見蒼蠅，就是衛生合格的產品。在另外一家廠裡，上百個醬菜缸直接就擺在了院子裡。沒有必要的衛生防護設備，缸裡面同樣爬滿蒼蠅。

在另一家萬達醃菜廠，這裡的老闆帶周記者參觀了廠院和新建的車間。廠院裡擺著兩缸已經發出腐臭味的醃菜。新建的車間裡，醃菜用的粗鹽和垃圾廢土混在一起，什麼雜質都有，還有釘子和灰。據老闆解釋，是裝修廠房時候掉下來的白灰。

參觀完畢，老闆拍著胸脯保證他的廠子是這一帶衛生條件最好的：「幹醃製的都這樣，這塊廠子多了，你就轉去，你看看。這幹醃製的你要是看了，准再也吃不下醃菜，可是鹹菜這個玩意兒就這麼回事。」

此條新聞在中央電視台新聞節目中剛一播出，有位先生就撥通了電視台熱線電話。這位觀眾一上來就大聲抱怨：「你們今天中午播出的劣質醃菜新聞怎麼這麼噁心啊！還偏偏中午播出！還怎麼叫人吃飯啊！」接電話的記者一愣，怎麼剛剛播出的新聞，就有批評電話了——這位觀眾卻話鋒一轉：「唉，不過你們做的這個新聞實在是太好了！老百姓需要這樣的新聞啊！這樣的事情就應多多曝光！騙子們太多太可恨，你們不拍就沒人管這種事兒，就應該徹底曝光！你們做得好！」

媒體記者利用「偷拍」技術進行採訪，學名叫「隱性採訪」。隱性採訪最關注的就是類似這些欺詐做假的違法亂紀行為，有時候一些隱性採訪的新聞報導，特別是一些打假的新聞報導，看起來簡直就是一部精簡版的動作片：情節曲折、出其不意，真實的拍攝效果有時比電影導演製作的特技還逼真；而有的暗訪報導——比如上文提到的醃菜新聞——畫面效果很像是《沈默的羔羊》；所曝光的內容要多噁心就多噁心。繼醃菜新聞後，周記者很快又採訪、播出了一期「噁心酸菜」的曝光新聞，做酸菜的農民在平地上挖個坑就當醃菜罈子用，一位農村婦女對暗訪的記者講，他們這種酸菜具有治療效果——這個村子裡的人沒有一個長腳氣的，誰要是長了腳氣，就來酸菜池子裡洗洗腳，這位熱心的婦女邊介紹邊脫鞋走進酸菜池子一通亂踩，給記者演示治療方法，樂呵呵地說：「療效特別好！」

這樣的視覺「大餐」，觀者驚心動魄、連連撇嘴，的確黑色幽默了一點。別光顧著笑，每天不知道有多少人把噁心酸菜、噁心醃菜，各式各樣的噁心食品當做美味佳肴細嚼慢咽，說不定這其中上當的就有您自己。

雞精裡的「秘密」

雞精是由雞肉、雞蛋、雞骨頭和味精等為原料經特殊工藝製作而成的一種調味品，它以味道鮮美、獨特開始逐漸代替味精走進

了千家萬戶，很多家庭喜歡在燒菜、煲湯時放點雞精。在四川成都市的一些批發市場上，同樣是淨重10公斤的雞精，有的價格在200元左右，有的卻只售四五十元。同樣的雞精，同樣的分量，價格為什麼會如此懸殊？奧秘在當地一些雞精生產廠家的配方上。他們生產的廉價雞精，包裝上雖然赫然印著一隻只大肥雞，並標有原料為土雞、雞蛋等字樣，但是為了謀取更多利潤，卻用玉米澱粉、食鹽等充當雞精原料。

位於成都市金牛區的成都市農副產品批發中心，是當地規模最大的批發市場，代理和批發雞精的店鋪有近百家，品牌多達200多種。這裡銷售的雞精，大都包裝精美，正面是一隻大肥雞，背面是產品說明。按照說明，雞精的原料要麼是「土雞」、要麼是「烏骨雞」、要麼是「鮮雞蛋」。但在此暗訪的記者發現，這些雞精儘管外包裝大體相同，價格卻相差懸殊，「太太樂」和「豪吉」等知名品牌雞精價錢較高，一件淨重為10公斤的雞精，批發價一般在200塊錢左右。而「美味鮮」、「豪亨」和「眾愛」等雜牌子雞精批發價一般為10公斤四五十塊錢，最低的只有三十多塊錢。

低價位雞精和高價位雞精之間的差別在這家批發市場被稱為「商業秘密」，為了揭開低價位雞精的「商業秘密」，暗訪記者對雞精生產廠家進行調查探訪。成都互利調料食品廠是記者調查探訪的第一家，這個廠位於成都市金牛區陸家工業區，廠門口沒掛牌子。儘管是白天，廠裡的大鐵門卻是緊鎖著。

食品廠規模不大，生產車間由一個套房組成，外面靠近大門

202

的是包裝車間，包裝設備就是一個簡易的封口機、一台秤和兩個用來盛裝雞精的大盆。在這裡，記者目不轉睛地觀察了一個多小時，沒看到土雞、烏骨雞和鮮雞蛋的影子，只看到工人們忙著把雞肉香精、甜蜜素、色素等添加劑和麥芽糊精、味精一起攪拌後，再加進成袋的玉米澱粉和食鹽。成品雞精倒是的確「色香味」俱全。

雞肉香精是一種化工合成的香料，怎麼成了土雞和烏骨雞？雞精裡到底含不含雞？由於雞的價格高，這些小廠生產的雞精才不會往裡邊放「雞」，雞精裡的雞味和香味都是靠雞肉香精「調」出來的。

成都市目前生產雞精的廠家有100多家，其中不少是小廠家，他們生產的雞精價格低廉，根本不含雞的成分。1公斤雞精，扣除包裝、人工、水電，裡面的雞精不會超過兩塊五毛錢。這還算好的，有些雞精廠心更黑，就兩樣原料：鹽和澱粉，糖基本都不給你加，加點甜蜜素就算不錯，更不用說加點味精。

小廠生產的雞精不含「雞」，那麼大廠生產的低價位雞精又是怎樣的呢？記者對成都金宮味業食品有限公司進行了調查採訪。成都金宮味業食品有限公司以生產雞精為主，一年兩個多億的毛利潤中85%是靠生產雞精所得。金宮味業公司共生產三個系列產品，其中兩種雞精屬於低價位產品，出廠價在七八十塊錢左右，其實也都是不含「雞」的雞精。雞精雖然不含「雞」，但都能順利通過有關部門的檢測，被認定為「合格產品」。老闆談及此事得意洋洋：「現在是企業自己定標準，他們質檢部門根本不能檢測裡面含『雞』

第七章
安得廣廈千萬間

　　據資料顯示，北京兒童醫院近90%的小兒白血病患者家中近期都曾經搞過裝修……

　　竣工後兩三年時間內，樓裡的領導一下發現了五個癌症，出現頭暈目眩身體不適的人更多……

　　打著「綠色」、「環保」標牌的商家根本拿不出有害物質檢測報告……

　　民工就像一隻烤熟了的地瓜，別人隨便一腳就踩成稀巴爛……

　　7名四川籍民工爬上高達40多米的塔吊，聲稱再追討不到工錢就跳下去……

致命裝修

2001年10月，新家裝修完畢，長沙市伍家嶺建湘新村的錢大勇和妻子高高興興搬進了新居。2002年9月，女兒婷婷出生，小傢伙身體一直都很健康，但是，僅過了兩個月，婷婷就開始哭鬧不休，吃東西也大不如從前，打針吃藥後情況有所好轉，但不久以後，婷婷又出現了同樣的狀況，夫妻倆再次帶孩子來到醫院，經醫生全面檢查，婷婷的白細胞數目高達110000多個，超過正常標準近10倍，診斷其為急性非淋巴細胞性白血病。

這種病的治癒幾率幾乎為零。小婷婷的病情一天天地惡化，最後不得不使用化療藥物控制病情，這使得她臉部表皮開始脫落，情緒也煩躁不安，自己用手撓頭，扯頭髮。7月16日，婷婷在病痛中離開了這個世界。

自從孩子死後，錢大勇和妻子至今都不願住到家中，害怕看到家裡孩子用過的東西，害怕見到鄰家活潑的小孩。醫生曾告訴錢大勇，孩子的病也許與遺傳或環境有關。但是他家裡從未有過白血病史。問題可能出在裝修上，剛住進新居時，空氣中彌漫著一股刺鼻的氣味，可他家的裝修都是由非正規的裝修隊承包，裝修材料也全是由施工方負責購買。為徹底給死去的女兒一個交代，錢大勇請到了湖南省室內環境裝飾材料監督檢測中心工作人員，對其住房進行檢測。

檢測資料出來了。有機揮發物總體指標TVOC嚴重超標，超過

國家標準10倍，也就是說，這間屋子的苯和甲醛超過正常標準10倍。正常的成年人在此條件下長期居住都可能導致癌症，更何況繈褓中的嬰兒。1

注1李志宏、周珊：《家庭裝修害死女嬰》，2003年7月24日，《瀟湘晨報》。

一個幼小的生命就這樣不明不白於人世上走了一遭，匆匆而去。據資料顯示，北京兒童醫院近90%的小兒白血病患者家中近期都曾經搞過裝修。裝修材料中的有害物質是否會誘發小兒白血病尚待進一步考證，但有醫學專家推測，裝修材料中的有害物質誘發小兒白血病的可能性非常大。芯板、櫸木、曲柳等各種貼面板和各種密度板中含有的甲醛，油漆中含有的苯乙烯和部分大理石地面的輻射可能是罪魁禍首。甲醛和苯乙烯都是國際衛生組織確認的致癌物，苯可以引起白血病和再生障礙性貧血也被醫學界公認。

任何家庭搞室內裝修，圖的無非是生活質量好一點，日子過得舒服點，婷婷的爸爸怎能想到，自己為讓妻兒起居更加舒適而花錢搞裝修，天倫之樂沒享到，卻把有毒的空氣引入了自己的屋門，間接導致小女兒死於非命。劣質裝修、劣質工程殺人於無形。

1998年夏天，長江特大洪水侵襲中國，九江堤段因工程質量問題未能經受住洪水考驗而陷塌決口。洶湧的江水如脫韁野馬，時任國家總理的朱鎔基同志親赴決口搶險現場，怒罵被長江洪水衝垮

的大堤是「豆腐渣工程」、「王八蛋工程」，被奉為國罵之經典，一時廣為傳誦。「豆腐渣工程」、「王八蛋工程」在建築業內流毒甚廣，大型基礎建設尚且如此，城市裡蓋樓蓋房、裝修裝潢更是有過之而無不及。

北京某單位修建了一座嶄新的幹部樓，因為進駐的都是單位領導，所以蓋樓的時候不惜工本，各種塗料都用的是最足的，一般的牆壁刷三遍漆料，這座新樓就刷六遍；大樓竣工，領導喜笑顏開，將此樓命名為光明樓。可過了不久，詭異的事情接二連三發生，這座樓竣工後兩三年時間內，樓裡的領導一下發現了五個癌症，出現頭暈目眩身體不適的人更多，光明樓變成了「鬼樓」。最後經建築工程部門檢測，整個「鬼樓」各種空氣指數嚴重超標。

由於發展歷史較短、消費者普遍對建材裝修行業內情不熟悉等原因，家庭裝修行業目前普遍存在著許多困擾行業發展的難題：裝修市場有相當大比例至今仍然被無證、無照、無資質的馬路裝修隊佔據；個別裝修公司以次充好、偷工減料，以賺取暴利。中國室內裝飾協會施工委員會得到的數字表明，全國消費者投訴裝修問題中，竣工後室內空氣污染以較大數字差額占投訴第一位。1 僅上海一個城市，每年居民家庭裝潢總量在40萬到45萬套（新建商品房16萬套、二手房12萬套、家庭二次裝修17萬套），總價在200億到240億元，而200多億的市場份額只有約四分之一是由正規的家庭裝潢企業完成的。上海市家庭裝飾協會有會員1200餘家，占全市家裝企業的55%；這1200多家企業中有90%以上是私營企業，多數

處於原始的起步階段。就是上海市家裝業排在前幾名的幾家企業，其年產值也只在2億到3億元，市場份額僅爲1%左右。多數家裝企業規模小、管理薄弱，近年來消費者的投訴也同樣處於居高不下的尷尬局面。

注1吳海花：《家裝隱蔽工程違規大揭祕，違規隱蔽工程大曝光》，2003年6月6日，《生活時報》。

　　南京一位張先生在醫院檢查身體時被查出得了癌症，一向堅持鍛鍊且家族中從無病史的他怎麼也想不通怎麼會得癌，排查到最後將懷疑點落到了家庭空氣質量。4年前，張先生搬家，請裝修公司對新居進行過一次全面裝修，室內檢測中心爲張先生家做了次全面檢查，檢測報告嚇人一跳：4年過去了，空氣中的甲醛排放仍嚴重超標。室內裝修的5大污染甲醛、苯、氨、氡氣、TVOC中，以甲醛的污染最大且揮發時間最長，研究表明，其緩慢釋放造成的污染可以持續4至15年，而且難以覺察。南京另外一位新婚的秦小姐還差點爲此引發了家庭糾紛。由於她一到新裝修的房子裡就睡不著覺、皮膚乾、眼淚多，她懷疑裝修污染嚴重，而同住一間屋的丈夫

卻沒有一點感覺，反懷疑妻子得了神經衰弱，爭吵不斷。最後拗不過妻子，進行了檢測，結果表明室內存在甲醛、苯、氨污染。

層出不窮的悲劇，促使消費者對裝修竣工後室內空氣質量日益重視。建材市場上「綠色」、「環保」的裝修材料成了俏銷貨。塗料、板材、地磚，各種家庭裝修建材紛紛上馬「綠色」產品，一窩蜂的結果可想而知，建材市場上越來越多地出現不和諧音符：很多打著「綠色」、「環保」標牌的商家根本拿不出有害物質檢測報告，即使有，也只有一個品種的一份複印件，部分商家甚至不清楚什麼是有害物質檢測報告。一些廠家搪塞消費者的質疑，居然說質量檢測就是有害物質檢測。眾商家紛紛打出「綠色」、「環保」等稱號來製假造假，而消費者在建材市場上則很難買到真正的「綠色」、「環保」建材。綠色建材「綠」不起來，甚至有害物質嚴重超標，不僅嚴重危害了消費者的身體健康，而且還給消費者造成了嚴重的經濟損失。

在一間裝修材料散發超標有毒物質的室內居住，無異於把家安進毒氣室。人們喜歡綠色，綠色象徵著和平、希望、生命，而這樣帶著毒氣的「綠色」走進家庭，帶給人們的是無盡的痛苦，奪走的，是生命和微笑。

信用有價

房地產市場日趨活躍，已成為我國近年來的一個主要經濟增

長點。地產商們加大投資蓋房子，蓋了房子賣房子，幾乎每天我們都能從報紙廣告中看到新樓盤。增長過快帶來的結果是，商品房市場開發不規範問題在很多地區日趨突出：發佈虛假不實廣告誤導購房者、商品房銷售的合同文本條款含糊、「霸王」條約、不合理分攤房產面積、房屋面積「缺斤少兩」、房屋質量低劣、房外加價、有房無證……一些地方消費者投訴中，屬房地產交易糾紛的超過60%，各種房地產交易糾紛的增加，暴露出目前房地產界誠信的巨大缺口。

上海幾年前曾經推出了一個明星樓盤，此樓盤商住兩用，坐落在寸土寸金的黃浦江東岸濱江地帶、小陸家嘴金融貿易圈內，隔江可望南京路，向西鳥瞰上海最大的公園「世紀公園」，全套精裝修外加全套進口家具，還請了兩個香港大牌明星做電視廣告，開盤即每平方米售價過萬，引來不少富商明星斥資購屋。然而在2003年一次上海房屋質量調查檢測中，這幾幢精品樓卻漏出了「豪華」背後的另一面：20項專業監測指標全部不合格。該樓盤的投資商幾經努力，蓋住了這一爆炸新聞，但紙包不住火，消息還是在房地產業內部傳遍。

期貨市場信用缺失嚴重，股票市場信用缺失嚴重，投資領域內另一片土地——房地產業的信用缺失也日益嚴重。仔細看來，房地產經營方面的失信無非兩方面，房地產管理部門信用缺失和房地產企業、從業人員的失信。

在消費者的投訴中　　　　　以及房屋产权纠纷等等方面

不穩定的房基

·房地產管理部門的失信

　　地權與經營權的分離，使得房地產商與地產管理部門存在著密不可分的關係。一條市政方面的消息有可能使一個滯銷樓盤轉眼升值，也有可能讓一家房地產開發商陷入困境。信息經濟學中有個名詞叫「非對稱信息」，指某些市場參與者擁有另一些參與者不擁有的信息。房地產管理部門失信產生的直接原因就是這種「非對稱信息」的存在。目前我國政府信息透明機制還遠未達到完善水平，政府的一些信息非透明化，這就帶來兩種可能，一種是管理部門把持政策消息不放，任何地產商都得不到。因此常有這樣的抱怨：為什麼今天剛蓋的樓，明天又拆了；這個樓盤明明說將有地鐵經此通過，我買了他的房子，卻又出來消息，地鐵改線了。購房個人的經濟利益受到嚴重損失，憤而將責任歸咎於房地產開發商。殊不知房

地產開發商本身也有苦難言，地區規劃應當早就敲定了，爲什麼管理部門遲遲不下達具體內容？樓盤含金量很重要的一個因素就是地段，以及周邊交通設施。也許一座住宅樓距離黃金地段很遠，但緊鄰輕軌、地鐵，交通便捷，照樣受到上班族青睞；一些樓盤儘管佔據黃金地皮寸土寸金，但市區規劃圖中此條路不久將修建高架，地皮寸土寸金與樓盤價值就很難成正比。地產管理部門掌管的很多信息都對整個地區房地產投資方向有決定性作用。在地產商所能掌握的有效信息極度匱乏之下，地產投資的短視行爲很難避免，一邊要承受鉅額的收益損失，一邊還要被業主指責不講信用，背信棄義，可謂「賠了夫人又折兵」。另外有些政府和相關管理部門，出於各種原因，將消息和政策進行選擇性透露。海南某地曾經就有過這樣一起事件，甲乙兩家房地產投資公司看中了同一塊地皮打算進行開發，雙方展開了激烈的競爭，你要我也要，這塊地處郊區待開發地皮的價格很快被炒了上去。但幾個月後，乙方稱內部資金出現運轉問題，不能短時期內承受鉅額投資，「遺憾」地退出了競爭，此地皮理所當然歸了甲方，由甲方承擔投資開發。甲方簽約並投入一期啓動資金後，很快發現了一個問題，在離這塊地皮不遠的地方，突然駐紮了一大批民工，原來根據政府規劃，這裡不久將修建一所「問題」青少年勞動教養學校。沒有哪個業主願意把家安在勞教學校附近，樓還沒蓋起來，樓花價格便一跌再跌。乙公司事先從有關部門得到此消息退出競爭，此刻坐觀其外，優哉游哉。管理部門和地產經營者在利益上的衝突性和相互制約性，給正常運營的地產公

而將本身的缺陷、劣勢統統忽略不計，掩蓋真實情況。還有的開發商把手放到簽訂合同之後再伸，通過隱蔽行動而轉嫁風險或直接侵佔購房者的利益。這兩種失信行為殊途同歸，受害的都是購房業主。諸多業主與房地產開發商之間的矛盾衝突中，合同簽了不算、綠地說占就占的現象，佔據了很大的比例。

北京有對老夫婦購買了城北一個高層住宅小區的三居室住宅，站在陽台上東眺，可以望見北京東部很大的一片森林綠地「朝陽公園」。然而入住一年後，老夫婦購買的塔樓東邊又有一座該小區的二期工程拔地而起，將這邊的視線完全遮擋，美景變成了「灰禿禿」的水泥牆。另有一處住宅小區，業主委員會聯合起來跟房地產開發商投資經營的物業公司打架。這片商品房在銷售時，標榜自己有高百分比的綠地，可誰想到入住後不久，負責物業維護的小區物業公司在綠地上劃出了不小的寬度，推平了草皮，用來收費停車。地產投資商認為這是物業公司自主的事情，而事實上，該小區物業公司正是以地產公司為背景組建的。

房地產業目前存在的種種失信行為，往往都有一個最倒楣的「冤大頭」，就是業主——即消費者。在房地產交易中，消費者屬於明顯的弱勢群體，地產業不斷產出這樣那樣讓消費者上當的新聞，使得購房者對整個房地產市場喪失基本的信任和購房信心。一些地方的商人特別喜歡紮堆組團跑到其他城市炒樓，把當地樓市虛炒得高燒不退，自己賺個盆滿缽滿後全身而退轉向另外一個城市。這些人抽身之後，樓市的高燒退去，樓價重新回歸正常水平線，人

們方才猛醒，原來自己的房子根本不值這個錢，自己的血汗錢被這些職業炒樓專家賺到了錢包裡。

麻煩的爛尾樓

中消協的資料表明，目前有關房地產的投訴已經成為繼手機、電腦之後，第三大消費者投訴熱點。投訴熱點主要集中在房屋質量、房屋面積、物業服務以及房屋產權糾紛等等方面。一方面是全國性的房地產投資熱，另一方面則是揮之不去的爛尾樓工程。業主投訴房地產商，房地產商也有一肚子委屈，因為他們從銀行貸得的資金本用於蓋房，而政府承諾的配套設施建設卻往往是一紙空文，這些樓房的建設資金絕大部分都來自銀行貸款，房地產經濟的

他们如今都已破败凋零

泡沫吹破之後，最大的損失者還是國家。

在海南，至今仍有一批爛尾樓，成為海南揮之不去的城市傷疤。這是中國房地產業信用不佳的鐵證。在中國的不良金融貸款中，房地產業當仁不讓成了大戶。在消費者的投訴中，近年來商品房的投訴案件也一直名列前茅。

在廣西北海，美麗的銀灘海岸，同樣也矗立著許許多多爛尾樓。每當夜幕降臨，這些爛尾樓群裡就會閃爍出點點「鬼火」，一

幢幢所謂「豪宅」，如今缺門少窗，就像是沒有生命的骷髏。那些閃著火光的爛尾樓，已經成爲一些無業遊民和流浪者的棲息之所。這裡的樓群，名字都非常好聽，什麼「羅馬花園」、「世紀花園」、「雅典廣場」，從建築風格上來講倒也確實名副其實。但由於長期無人管理和修繕，它們如今都已破敗凋零，成了拍攝孤墳鬼

就像是沒有生命的骷髏

影等「鬼片」的最佳攝影場所。

　　什麼原因，使得這些耗盡鉅資的豪宅，破敗到如此田地？

　　房地產開發實際上是一個由政府、房地產商、建築開發商、民工以及業主共同構成的環環相扣的產業鏈，這條產業鏈中任何一環出現問題，都會造成極大損失。由於房地產開發的這種特殊性，較之其他產業，房地產業更加需要「誠信投入」。在最近《南方日報》上發佈的「守合同重信用」企業名單中，房地產企業僅占不到3%的比例。公正的評選可以樹立「誠信」的榜樣，但難以清除「失信」的腐肉。參與各式各樣的「誠信」評選，畢竟是房地產企業的自覺行爲，不願參加者仍然可以自由自在，就算被取締了「誠信」稱號，評選委員會又將如何？

　　解決此類問題，關鍵還在於夯實建築行業誠信的社會基礎。當務之急是建立健全與建築行業發展相對應的法律法規，並以此保

障採取各種行之有效的措施，建立環環相扣的「誠信鏈」，對那些不講誠信的違法單位和企業予以嚴厲制裁和處罰。

國家工商行政管理總局局長王眾孚於2003年11月接受新華社記者專訪時說：

黨的十六屆三中全會提出，要建立健全社會信用體系。作為工商行政管理部門，我們將全面加強對市場主體的監管，依法加大信用監管和失信懲戒力度，推動企業信用建設。

回顧10多年來我國社會信用體系建設的情況，王眾孚說：

目前我國已經形成和發展了一批從事信用評價、信用擔保等業務的信用仲介機構，啟動、建設了信用聯合徵信系統。黨的十六屆三中全會更是把社會信用制度的建設提到了前所未有的高度，充分體現了我們在完善社會主義市場經濟體制過程中，注重制度建設和體制創新的指導原則，也表明了我們對市場經濟規律認識的深化——誠實信用是市場經濟的基本準則，企業信用狀況直接關係到市場交易安全和經濟秩序；推進企業信用體系建設，是從根本上約束規範市場主體行為、建立長效市場監管機制的重要內容……

規範市場主體行為，有助於從源頭扼制企業失信行為。近年來，北京、上海等地在這方面進行了一些嘗試，成效明顯。我們將認真總結經驗，全面加強對市場主體的監管。

　　今後，工商部門將依法加強企業登記註冊工作，凡依法應經審批或許可而未經審批或許可的，將一律不予登記註冊；加強對市場主體經營行為的監管，繼續完善「經濟戶口」管理，進一步深化市場巡查制，依法查處虛報註冊資本（金）、虛假出資、抽逃出資的行為，嚴厲打擊偽造、塗改營業執照以及超範圍經營等違法違章行為；積極探索完善市場主體退出機制，對吊銷營業執照的企業監管後延，重點檢查其是否已停止經營活動並進行清算，從而加大對債權人合法權益的保護力度。

　　2003年以來，全國工商系統以企業信用體系建設為重點，在全面、準確掌握企業信用狀況的基礎上，建立實施了企業信用分類監管體系。未來不久，各類企業將根據其信用情況，被分為綠牌、藍牌、黃牌、黑牌四類，分別代表守信企業、警示企業、失信企業和嚴重失信企業。工商部門將對綠牌企業予以重點扶持，給予年檢免審等優惠待遇；對藍牌企業實行警示制度，在日常工作中予以提示；對黃牌企業進行重點監管，實施案後回查、辦理登記和年檢時重點審查，向社會公開其違法記錄；對黑牌企業發佈吊銷公告及公開違法記錄，對典型案件予以曝光。這一措施的推出，立即在全社會引起強烈反響。王眾孚表示，工商部門將進一步完善企業信用分類監管體系。今後，企業各種信用信息將日趨及時、準確、完整地記錄，實行企業信用信息披露制度，向社會提供企業信用信息查詢服務，公開企業違法行為記錄，公佈典型案件。

第七章　安得廣廈千萬間

219

「企業信用監管體系建設是一項系統工程，我們稱之爲『金信工程』。」王眾孚說：

　　各級工商行政管理機關已經把這一工程列入重要議事日程，正在統一規劃，制定切實可行的實施方案，以便有計劃分步驟地抓好落實。目前的工作重點是，加強企業信用監管信息網絡建設，爲實施有效監管提供有力的技術保障。在信息網絡建設上，各級工商行政管理機關正在按照企業信用監管指標體系和實施分類管理的要求，統一指標體系，統一技術標準，加緊開發全國統一的企業信用監管軟件。今後將在這一軟件的基礎上，建立統一的信用監管平台，通過聯網實現資源分享。具體目標是，發達地區要在*2004*年底實現聯網，較發達地區要在*2005*年底實現聯網，*2007*年底要實現全國聯網。*1*

　　注1張曉松：《王眾孚談依法加大信用監管和失信懲戒力度》，2003年11月8日，新華網。

　　爲了在全社會營造「誠實守信、依法經營」的良好氛圍，國家將全面啓動「百萬守信企業」創建活動，對守信企業積極給予扶持，大張旗鼓地進行宣傳。各級個體勞動者協會、私營企業協會、消費者協會、廣告協會、商標協會等社團組織，也將積極投入到這項活動中。目的是通過創建活動，樹立守信典型，加強正面引導，不僅僅規範個別行業內部的運作行爲，長遠目標是要促進市場秩序的根本好轉。

民生難違

談建築行業，不免還要提到民工。「民工潮」是我國經濟改革開放以來所特有的現象。全國流動的農民工已超過1億人，他們一方面忍受著身心上的巨大壓力對城市建設做出了巨大貢獻，但另一方面卻受到城市某些不法之徒的種種盤剝，他們的人身安全甚至都常常受到侵害，工人還有一個工會，而因病因殘被「炒了魷魚」的農民工該怎麼辦？

如今，全國各大中城市的打工者可以說是「人滿為患」；但最近一段時間，福建省泉州市卻面臨著有活找不到人幹的窘境，甚至有的打工者還沒出門，一聽說是去「泉州」，便「寧願蹲在家裡閑著」也不再去，以至泉州出現了「20萬工無人打」的怪現象。是什麼原因使20萬民工「躲」泉州呢？

泉州市統計局企業調查隊的一份調查報告顯示，1998年至2001年，勞動部門接受群眾舉報案件數年均增長67%；2001年追發拖欠工資3895萬元，占全省追發拖欠工資的50.8%，涉及勞工3.2萬人，占全省37.9%。「泉州現象」實質反映了民工對於當地勞動用工環境的一種深深的失望。他們的失望，不僅僅表明了當地企業誠信度之低，也表明了當地政府有關部門的公信度太差。

拖欠工人工資的企業，在整個泉州並不是一個普遍現象。失信的企業在整個泉州只占很小的比重，但僅僅這一個很小，竟然造成了整個泉州勞動力嚴重缺失的惡果。

有人形象地称之为民工潮

據全國總工會的資料顯示，目前全國進城務工的農民工被拖欠的工資估計可能在1000億元左右。拖欠工資的現象主要發生在建築施工企業和餐飲服務等企業，其中建築施工企業占拖欠農民工工資案件的70%。在有些地方，特別是一些非公企業和農民工比較多的企業，職工往往由於用人單位不簽勞動合同或隨意解除勞動合同而得不到應有的報酬，拖欠工資、克扣工資的現象時有發生。*1* 民工按勞取酬，雇主及時足額支付民工工資，這是任何一家企業都應當恪守的誠信底線、應盡的基本義務，雇工企業沒有任何理由把經營風險轉嫁到民工身上。也許幾千元錢對於一個企業不算什麼，但對許多農民家庭來說，幾千元錢就能改變一個山裡孩子的命運，能挽救一條垂危的生命。

注1趙永平：《人民特稿：還我血汗錢！》，2003年12月7日，《人民日報》第五版。

命值幾錢

一位社會學家說，民工就像一隻烤熟了的地瓜，別人隨便一腳就踩成稀巴爛。這話聽起來刺耳，但並非沒有道理。從某種意義

上講，民工已成了弱者的代名詞，很多城市人鄙視民工，瞧不起民工，有的甚至把民工當成眼中釘肉中刺，自己家裡晾的衣服不見了，第一個想到的准是門口工地的民工；走在街頭迎面過來幾個民工，自覺不自覺的就會低頭趕緊衝過去，手緊緊摀著包——城裡人對民工抱有的天然鄙視、反感、防備以至抵制是有目共睹的事實。

依靠法律來維護自身的合法权益

北方某城市一位民工，在冬天因被老闆懷疑在不該方便的地方方便而被罰在寒冷的北風裡赤身裸體跑半個小時。一對姐妹背井離鄉北上打工，她們為一家新建樓房擦玻璃，姐姐一失手從高高的六層樓上摔了下去，隨著一聲撕心裂肺的慘叫，當場被摔得七竅流血，慘不忍睹，妹妹眼睜睜地看著姐姐墜入死亡的深淵，妹妹的痛苦甚過死亡。也許這位摔下去的姐姐深深地留戀人生，她從六樓摔下後，全身骨頭都折成無數小段，但那顆心臟卻頑強地跳動，被送往醫院數小時後才撒手人世，身後留下一個5歲的孩子。而許久之後傳來的消息說，由於這對姐妹沒有跟雇主簽訂任何勞動合同，蓋樓的建築公司什麼責任都沒有承擔，僅象徵性地給了妹妹3000塊錢作為撫恤金了事。

他们没签合同

　　3000塊錢，也許只是包工頭一件西裝的價格。

　　每天，在城市大大小小的醫院裡，都會有新生的小生命誕生。嬰兒們出生時似乎都差不多，小小的，弱弱的，睜不開眼睛，身上帶著母親的血跡；一樣地被護士清洗過秤，處理好臍帶，然後裹進繈褓，等待和門外的父親初次見面，肚子餓了，一會兒還會有母親甘甜的乳汁。

　　也許人和人只有在這個時候才完全平等。從被父母抱回家的那一刻起，繈褓中比鄰而居的孩子，命運就開始各有各的不同了。十幾年後，城裡的孩子在大學校園裡悠閒地享受午後的陽光和自己的初戀，而在另一個角落，農村的孩子打理好小小的包裹，登上北上或南下的悶罐列車，即將開始自己的打工生活。在家，他們同樣是父母的掌上明珠，而進了城，這條命仿佛一下子就賤了起來，做最累最髒最危險的活，感冒發燒沒人問，還會被倒扣工錢。嫌累嫌危險，那你就滾蛋，反正民工有的是，你不幹，別人照樣幹。為了那點城裡人看來微不足道的工錢，只能豁出去。農民的後代從來都是早熟的，家裡有老父老母弟弟妹妹，自己在城裡靠力氣多掙點錢，家裡日子就能過得舒坦些。「一不怕苦，二不怕死」，自己的身體年輕時候不使白不使，除此別無選擇。

　　安徽省有一位人大代表汪春蘭，她是全國人民代表大會上第一個為民工合法權益提議案的代表。生活中的汪春蘭是安徽醫科大學附院整型外科主任，白衣天使的職業，正是促使她最早關注民工問題的原因——

2001年5月的一天，汪春蘭接待了一位特殊的病人。這個叫張文華的青年農民是銅陵一家私營礦山的民工。因為礦山缺乏基本的安全措施，張文華在一次事故中右小腿脛腓骨粉碎性、開放性骨折。事故發生以後，礦主支付部分醫藥費，再也不聞不問。張文華為了治病，家底掏空了，還欠了一堆債，最後只好停止治療，回到家裡，至今不能下地。

張文華的遭遇給汪春蘭極大震撼。她開始關注民工這個群體，為他們的命運擔憂。每次有民工來外科看病，汪春蘭就從他們那裡瞭解情況，久而久之，門診室成了汪春蘭的調研基地。

「這兩年，我先後接觸了三四十位受傷民工，他們各有各的苦衷：工資被拖欠和克扣、工時無端被延長、工傷得不到妥善處理、子女上學難、醫療沒保險、人身安全沒保障……」1

注1汪金福：《汪春蘭代表再為民工呼籲》，2003年3月7日，《人民日報》。

2002年全國人民代表大會上，汪春蘭聯合安徽代表團其他35名代表，向大會提交了保護民工合法權益的議案。據有關方面介紹，這是歷次人代會以來第一個關於民工合法權益保護的議案。

議案引起有關部門的高度重視。看到那麼多的人在為保護民工合法權益鼓掌歡呼，汪大夫感到特別欣慰；但是，問題並沒有從根本上得到解決，36名代表所呼籲的民工合法權益保護問題只是

一個方面，還有一個方面就是法律對於民工這一特殊群體本身存在盲區，勞動法等並沒有涵蓋流動人口就業所應該享有的一切權利。法制的社會裡，任何人想爭取到長遠的利益保障，都必須有法律作為後盾和武器。很多問題要立法來解決：規範民工有序流動；規範民工行為及權利義務；對用工單位進行監督管理；對民工子女上學及計劃生育問題規範管理；建立與民工密切相關的社會保障制度；建立和完善民工與用工單位合同制度。

民工並不是僅需要同情就夠了的弱者，民工同樣是國家建設大軍中的一員，整個機器中最不起眼而又最不可或缺的螺絲釘。汪春蘭說：

民工是個大問題，以安徽為例，全省6000多萬人口，有600多萬人在外打工，他們為各個地方的發展和建設做出了很大貢獻。但是，他們卻處在社會的最底層，有時候連健康權和生命權都得不到保障。對民工問題的關心不應該只停留在口頭上，要有行動。

城鄉戶籍內涵的各種福利差異，使本是不同職業的城市人和農村人，演化為身份的區別，城市居民有了優越感。那些衣著過時，身上多多少少帶著工地灰塵的民工們，似乎走到哪裡都會被人

視爲異物，甚至有人把民工與盲流畫等號，一併視爲城市垃圾。沒有尊嚴，招之即來揮之即去，民工作爲城市外來人口，人身安全也成了問題。福建青年范明燚，2003年5月12日被人騙至新密白寨一石料場，被迫進行長時間的重體力勞動，並多次遭到暴力毆打，傷勢嚴重。5月16日晚，范明燚步行12小時冒死逃出石料場，向公安機關報案，並協助公安機關救出其他38名受難民工。數名犯罪嫌疑人被抓。但范明燚於三天之後的5月19日17時30分在新密市公安局門口口吐白沫，突然昏迷，經新密市中醫院搶救無效死亡。

　　一個月後，警方作出結論，范明燚背部、臀部及雙上臂皮下組織損傷系鈍性物體打擊所致，其損傷程度已構成輕傷，另外確認范明燚系毒鼠強中毒死亡。受被害人范明燚父親和哥哥的委託，原告代理律師在法庭上要求被告（石料廠包工頭等9人）在依法承擔刑事責任的同時對被害人承擔民事賠償責任，要求被告賠償交通費、住宿費、醫藥費、喪葬費、間接受害人撫養費、死亡慰撫金合計人民幣12萬元。

　　在法庭上，被告人之一供述，他打范明燚是包工頭指使的。范被打時大聲喊叫，但沒有人敢管。石料場的工人都是別人介紹來的，講好的工資是每月500～600元，但實際上3個月中最多的才借到了100多元錢。場子裡的工人早上7點鐘左右起床，起床後就幹活，啥時候天黑啥時候爲止。工人是跑不出去的，因爲吃飯、休息時都有他們這些看場子的人押送。

　　包工頭對法官表示，自己不但從未指使人毆打范明燚，還就

勞工中間的糾紛勸過架，但這一說法很快被同案的幾個人揭穿。同案另外一名犯罪嫌疑人說：在范明燚到場子幾天後的一個上午，包工頭把他叫到屋裡，當時屋裡只有范明燚一個人。包工頭讓他打范明燚，他就拿起三角帶照著范明燚的脊背抽了起來。該案犯交待，范明燚挨打的主要原因是范不幹活，還光想跑。其他人也都是在包工頭指示下打的范明燚。

法庭上，包工頭等9名被羈押的犯罪嫌疑人同意對原告進行民事賠償。但幾個人均表示自己家庭貧困，石料場賺的錢幾無所得，無力負擔民事賠償。

原告律師在法庭上表達了對該結論的不滿。律師認為，范明燚自己冒死逃出石料場後又冒死解救同伴，有著強烈的求生欲望和正義感，不可能再去自殺。如果說范明燚死於毒鼠強，那麼毒鼠強又從何而來？原告律師強烈要求公安機關重新鑑定查明死因。

這裡有個值得注意的問題：民工在勞資雇傭關係中屬於明顯的弱勢，而雇主則明顯處於強勢，因此，雙方的合同內容具有不平等的因素，他們之間的信任關係也是脆弱的。為了避免失信，合同往往規定了懲罰的內容，而它通常也是單方面的：比如，工人不尊重老闆、早退遲到或請假生病等則要扣發獎金，甚至被開除，而雇主打罵工人、延長勞動時間或拖欠工資等則往往不受任何懲罰。而

這種情況之所以發生，是因為工人和雇主相互交換了各自的信用，由於雙方地位的不同，因此雇主有權力使用和支配工人的全部信用，而工人只能在有限範圍內要求按時發工資，使用雇主的信用。

跳樓作秀

2003年10月的一個下午，三峽庫區腹地蜿蜒起伏的山間公路上，幾輛麵包車正從萬州區向雲陽縣城方向疾駛。中共中央政治局常委、國務院總理溫家寶，此行要前往三峽庫區雲陽縣城走訪移民。半路上計劃有了改變，溫總理決定臨時下車，走訪途中的一個小村落。

家裡有幾口人？糧食夠吃嗎？養的豬好賣嗎？柑橘多少錢一斤？水庫蓄水後土地還夠不夠種？孩子們都能讀上書嗎？上學一年要花多少錢？農村電費降了多少？家裡有幾個人在外面打工？移民補償拿到沒有……總理詳細詢問著農民們的生活情況，並鼓勵大家有什麼情況勇敢說出來。

農家婦女熊德明向總理反映了建築工地拖欠農民工錢情況。熊德明說，現在農民的收入主要靠打工，村裡大多數勞力都在雲陽新縣城搞建築，一年收入有五六千元左右，但是在修建新縣城中心廣場階梯的過程中，包工頭拖欠農民的工錢一直不給。她愛人李建明有2000多元的工錢已被拖欠了一年，影響娃兒們交學費……

聽著熊德明的敘述，溫家寶雙眉緊鎖，「一會兒我到縣裡去，這事我一定要給縣長說，欠農民的錢一定要還！」人群中立刻響起熱烈的掌聲。

雲陽縣新城，溫家寶一見縣裡的負責人就追問起農民務工工資被拖欠的事。縣裡負責人說：「確有其事。主要是因為一些包工頭沒有把錢發到農民手中。這事我們要認真處理，一定給村民一個滿意的答覆。」當天夜裡11時多，熊德明和丈夫拿到了拖欠他的2240元務工工資。

在溫家寶總理幫助熊德明追回2240元工錢後，全國各地開展了聲勢浩大的清剿欠薪活動，許多民工在短時間內拿到了被長期拖欠的工資。同時，也使得有關方面的問題暴露無遺：全國民工被拖欠的工資約在1000億元左右，2億多進城打工農民平均每人被拖欠500多元。

農婦熊德明，因此事榮獲2003年中央電視台「經濟年度人物社會公益獎」。

位於深圳科技館後的瑋鵬花園工地，7名四川籍民工爬上高達40多米的塔吊，聲稱再追討不到工錢就跳下去。但是承建方中建某局並未理睬。這出被稱為「跳樓秀」的事件發生在2001年1月8日。

同年同月的16日，廣東省奧林匹克中心附近的一個工地，4名負責塔吊安裝的工人分別爬上兩座高達50米的塔吊吊臂，要求施工單位付給他們4.8萬元工錢，否則就要往下跳。最終，施工單位妥協了，給工人付了錢。

這一幕發生在成都：某包工頭爲了討回某建築公司拖欠民工的幾十萬元工錢，提著一瓶白酒獨自爬上一幢8層高樓的樓頂。他一邊喝酒，一邊做出往外跳的動作，嚇得樓下街道上圍觀者驚呼亂叫。

一些民工爲討工資，近年來屢屢上演跳樓、以死相逼的鬧劇，據不完全統計，有一段時期，成都幾乎每月都要發生二至三起民工跳樓追討工錢的事件，而追討工錢的大多數又是建築行業的民工。這些事件，是我國誠信鏈條斷裂點上的歷史疤痕。一起接一起的「跳樓」活劇，不僅拷問著我們的誠信良知，也將令我們的後代子孫感到羞愧。

民工用「跳樓」的極端方式追討工錢，絕非一個好方法，他們應當依靠法律來維護自身的合法權益。但是「跳樓秀」不斷在各地民工中上演，這也不能僅僅簡單地歸納爲民工的無知和懦弱。自古艱難惟一死，升斗小民背井離鄉，出外打工，掙錢養家糊口，已經夠不容易了，不是萬不得已，老實巴交的普通百姓是不會輕易做

231

出這種舉動的。即使是一種虛張聲勢的假動作，也有可能一失足釀成真實的慘劇。對此，我們需要用應有的人文情懷來嚴肅對待，我們應該追問，是誰把他們逼到了這個份上？

　　建築行業進入市場較早，而法律法規的建立卻相對滯後，如今已處於高度飽和狀態的建築行業，已經成為社會誠信較差的行業之一。工程分包又轉包，轉包再轉包，甲方拖欠乙方工程款、乙方拖欠民工工錢、包工頭盤剝民工等現象司空見慣，組成了一道難以解開的誠信死結，阻礙著建築行業的健康發展。在這一誠信死結中，外來民工的工錢本應是最容易解、也最應該先解的「活結」，但往往卻是最終解開，甚至被拖成解不開的「死結」。雇工要給工錢，古今同訓，中外同理。但是，社會道義和法律的約束，至今仍然無法解決民工工錢被惡意拖欠的難題。問題究竟出在哪？

　　自20世紀80年代開始，中國開始出現了農民離土離鄉，進城務工經商的現象。後來，更是發展成一支蔚為壯觀的民工大軍，他們中的絕大部分人，在城市裡幹著最苦、最髒、最累的活，為城市人提供著不可或缺的服務。但是，他們的農民身份，卻註定了他們至今只能在農村和城市之間像潮水般湧來湧去。這對社會治理和城市管理都是一個不小的難題。目前，中國有超過一億的農民工在城鄉之間到處流動，四處找活幹。其中的一些人，如建築工

人，本應屬於產業工人的一種，但是，他們中的大多數人卻至今仍是沒有合法身份和組織的自然人，與用工方簽訂的協定也大多缺乏法律保障。因此，一旦建築甲、乙方和包工頭三者之間的誠信鏈在哪個環節出現斷裂，這些民工就會淪為投訴無門，孤立無援的受害人。

一葉知秋，當社會弱勢群體的生存權需要依靠「以死相逼」來爭取和維護時，就不能僅僅視為社會成員的素質出了問題，而應該反思我們的社會機制和國家機器是否存在短路和故障。透過民工「跳樓秀」這一現象，不難發現這種邏輯關係──信用缺失，老闆才敢肆無忌憚地賴帳；法律軟弱，民工才無可奈何。試想，在一個法律健全，充滿誠信的社會，「跳樓秀」會如此頻繁的出現嗎？

民工「跳樓秀」活劇，跟諸如行為秀、人體秀、模仿秀，愛情速配秀等各種時尚作秀相比，既沒有絲毫的專業作秀素養，也沒有媚俗取榮的作秀目的，這種行為本身一點也不「秀」，而是我國社會信用制度建設的污點。其背後所暗藏的制度缺陷，才是「跳樓秀」的「編劇」和「導演」。而信用的缺失、法律的軟弱，責任也不在普通百姓自身，而在那些負有監管職責的相關部門。在體制性障礙沒有消除之前，各地政府切莫小看或忽視民工跳樓追討

第八章
管窺官政

「59歲」，一些行將退休的幹部們在離任前大撈一把、大貪一次，幾成一道風景……

儘管腐敗的個案各有不同，但都有一個共性，就是與權力相聯……

截至2002年末，4000多名貪污受賄犯罪嫌疑人攜公款50多億元逃到國外……

少數政府官員、國企管理者以及經濟、金融系統的工作人員鑽了體制轉軌進程中的種種空子，通過貪污受賄等手段大肆攫取非法財富……

爲官不誠

百姓有句俗話：「當官不爲民作主，不如回家烤白薯。」爲民做主、取信於民是我國自古治國之道。精髓無非就是說到做到。從政府存在的法理基礎上講，政府是人民意志的產物，其權力來自於人民，因此，政府的誠信不是一個簡單的經濟信用和倫理信用問題，更主要的還是一個政治信用問題。政治信用關係到社會的信任乃至社會的穩定。政府誠信是社會誠信的重要力量和楷模，政府失信則會導致社會公衆信心不足、信仰迷茫、信任喪失。

洪洪華夏民族五千年歷史長河，政權的更迭始終不斷。封建王朝時代，「率土之濱，莫非王臣」，官員的誠信僅僅是對上的愚忠。爲了升遷，爲了斂財，常常採用愚弄、欺詐等卑劣的手段，何談什麼誠信。對上是「爲尊者諱」，明目張膽地欺騙；對下則是「民可使由之，不可使知之」，推行愚民政策。爲爭取最大的利益，就是同級官員也不能相安無事，而是團團夥夥的黨派之

爭，勾心鬥角，明爭暗鬥。

　　新中國成立伊始，劉青山、張子善一案給全體官員敲響了警鐘，幹部隊伍在很長一段時間內保持了良好的道德作風。但進入大躍進時期後，水稻畝產上萬斤的衛星一顆高過一顆，一些官員吃定了這股虛假數字浮誇風，借著衝天的「衛星」平步青雲。建國初期形成的良好的幹部隊伍道德風尚很快被浮誇風吹了個無影無蹤；文化大革命時期，爲了迎合時勢，批「老九」、批右派，爲了明哲保身，沒被整倒的幹部，硬著頭皮批鬥那些被錯誤整倒的幹部，編造歷史、捏造事實，假話、瞎話一嘴毛，誠信機制完全丟到了一邊。

　　70年代末，黨和國家重新走上建設發展的正軌，市場經濟建設逐步推進，各項秩序得到恢復和發展，除了對被錯誤打倒的老幹部「撥亂反正」外，官員的誠信建設這項本應首要整頓的問題，始終少有人觸碰。在工作中耍花架子、搞形式主義、虛報、浮誇，在工作外的業餘時間大搞以權謀私、權錢交易、貪污受賄、欺上壓下……種種幹部隊伍中的不良行爲，日益破壞著政府在人民心中的形象和分量。某些領導者在爲民辦事中，今日許明日，明日複明日，「能推就推，不能推就拖，不能拖就騙」，已經成爲爲官者的基本手段。誠信變成了官場中罕有的珍品。原人大副主任成克杰在任廣西壯族自治區主席時，一邊大肆貪污受賄4000多萬元，一邊卻在高喊著反腐倡廉，並假惺惺地說：「一想到廣西尚有700萬的百姓沒有脫貧，我這做主席的是連覺都睡不著啊。」

237

只剩神靈

很多人現在凡事都講究求神拜佛、卜問、算卦，求籤、占卜、看相、金錢課，假半仙們靠著這些眞眞假假作著無本萬利的買賣。全國各地的道觀廟宇，近幾年的香火一年旺似一年，餐廳商店供奉財神爺，企業老闆在辦公室設佛龕供奉關公，如今都是司空見慣的事情。

關公在歷史上與孔子一併被稱爲「中華文武二聖」，如今香火最旺，首推關公。說關公不能不說到呂布，關羽千百年來被敬若賢明，奉爲忠義的象徵，當時關羽雖然在三國中本領不是第一，卻受到了世人的敬重，曹操看重關羽的就是忠義誠信，多次誘之於金錢、美女和寶馬，並給予高官厚祿，這一切都沒有動搖關羽信守承諾、恪守誠信的堅強意志，都沒有背叛與兄長劉備、三弟張飛的桃園盟誓。在關羽死後，給予他厚葬的是宿敵曹操，並追封了關羽很高的爵位。歷朝歷代的統治者和世人也都對關羽無比的崇敬，還有不少的朝代不斷地追封關羽以很高的爵位和封號。而呂布在三國中厚顏無恥、見利忘義，先是殺掉了情同手足的兄弟朋友，後又爲了爭奪貂蟬而背信棄義，親手殺了義父董卓，純粹是一個不誠不信、唯利是圖的世俗形象，空有一身本領，卻落得四面樹敵，衆叛親離，連廣攬天下人才的曹操都說，如果呂布來投，要捉住殺掉。造成這種截然不同結果的原因——就是呂布不具備誠信的優良品德。

學子們競相拜奉的是孔子，拜關公最多的是商人，談笑弈棋

中刮骨療毒，一生恪守忠誠信用，關公這些為人歌頌之處恰恰是激烈的市場競爭中實業家、企業家們所最企擁有的。求關公，拜關公，於商人言也就是盼著能發財，能誠信交易，能免於被欺被詐。關公像前香火越旺，側面也說明著商界對誠信的需求度越高，同時也說明現實社會誠信之稀缺。爾虞我詐的社會裡，你不相信我，我也不相信你，誰也不講信用，當人不敢相信人的時候，也只能相信冥冥之中的神。

　　拜關公、敬關公，很多人拜的是關公，做的卻是背信棄義的「呂布」。關公像下敬香的商多，菩薩面前磕頭的官多。菩薩香火之旺，與關公不分上下。菩薩心眼好，點化了鬧天宮的孫猴子西天取經得道成仙，也能給現實生活中的人以寬恕。很多貪官污吏們絕大多數時間橫行無忌，夜深人靜時也有害怕東窗事發，膽戰心驚的時候，於是就想到多拜拜菩薩拜拜佛。河北省原常務副省長叢福奎，從20世紀90年代中期就開始信佛，1998年起先後到全國各地進香，連續幾年的春節都沒有回家，而是在寺廟中度過。經人介紹，叢福奎在北京結識了某寺住持，叢拜其為師，還起了一個法號「妙全」，意思是智慧、廣大、圓滿。老資歷的共產黨員叢福奎，完全把個人的命運和政治前途寄望於「大師」的預測和「老佛爺」的恩典上。

　　叢福奎在石家莊和北京的住宅，不僅都設有佛堂，供奉著佛像，還設有供道台、供神台。臥室被褥下鋪著一塊紅布，上面襯有黃綾，四周綴有銅錢。黃綾下面壓著五道佛令，枕頭底下還有五道

道符。1 表面上看，叢副省長真是一個虔誠的信徒，而對政治信念已完全蛻變的叢福奎來講，信佛還有更重要的利用價值——「洗錢」，即把「賄金」變成「善款」。

注1《河北省原副省長叢福奎界佛斂財內幕》：2001年11月11日，《南方周末》。

不但信佛，叢福奎還和一個當時在北京小有名氣的女「氣功師」來往甚密，二者一唱一和，讓人難以招架。某次，叢福奎接觸到了一位個體戶，大師告訴這位個體戶，現在準備蓋個寺廟，你出一千萬吧。敬佛哪有數目的？可叢福奎又在旁邊搭話：修廟是積德行善的事，對你的家、事業都會好的，會保佑你的。倒楣的個體戶這一出血就是一千萬。長期到處斂財，終有敗露的一天，叢福奎的犯罪事實鐵證如山，信了幾年的佛，念了多少經也沒能躲過被開除黨籍、開除公職的處分，最終鋃鐺入獄。

類似叢福奎的人數不勝數，迷信算卦的，迷信吉利數字的比比皆是。央視新聞頻道曾經報導了一個帶有普遍性的現象，南方某縣領導幹部的專車牌照上，居然沒有一輛不帶「8」字的，居然沒有一輛帶「4」字的。廣西橫縣原縣委書記汪湜波自稱「8字書記」：他1951年8月出生；1972年8月到廣西商業學校學習，畢業後成為國家幹部；1991年8月被提拔為廣西扶綏縣人大常委會副主任；1992年8月調任甯明縣任副縣長；1995年8月升任縣長；2002

年8月又調任橫縣縣委書記。於是,他每月都在盼望著初八、十八、二十八這三天的到來,大小企業的慶典活動大都安排在這幾天,這位「8字書記」有請必去,大紅包逢8必有。在「8」字的「照耀」下,汪湜波共收各種賄賂款100餘萬元。可惜案發後,有期徒刑是11年而非8年,不然這位「8字書記」就徹底「圓滿」了。無獨有偶,江西省原副省長胡長清,也經常炫耀自己和「8」字有緣:他出生於1948年,赴江西任職是1995年8月,當選江西省副省長的時間是1998年,最寵愛的情婦生於1968年,更爲可笑的是,他的案發時間是在1999年8月,受賄次數是87次,任省長助理後期,每天平均受賄8000元,他犯行賄罪的數額是8萬元,南昌市檢察院對他的起訴書是28頁,他被執行死刑是2000年3月8日上午8時。

　　湖南省雙峰縣法院一法警不慎從該院4樓跌落身亡,法院黨組於是集體討論決定,由單位報支600元經費請「法師」到法院大樓「驅鬼袪邪」,一時間法院大樓內鑼鼓震天,靈符飛舞,「法師」從辦公室到法庭,從食堂車庫到領導住宅,一間不漏地「作法」:某縣衛生局在辦公大樓搬遷時,在局長的主持下,全體幹部、職工跟著「道公」大做「法事」,有的官員甚至脫光上衣,頭戴草帽跟著「道公」團團轉,現場一片烏煙瘴氣;山東省泰安市原市委書記胡建學也是個「官迷」,經常請「大師」預測前途。「大師」說胡有當副總理的命,只是命裡還缺一座「橋」。欣喜若狂的胡建學絞盡腦汁,終於想出了一個增加一座橋的辦法,下令將本已按計劃施

工的國道改線，莫名其妙地穿越一座水庫，最後在水庫上修起一座大橋，以完成「功德」，企盼步步高升，早日登上副總理的「寶座」。我們只能贈送這些昏了頭的父母官們兩個字：荒唐。

最荒唐的還屬2003年被依法判處死刑的河北省國稅局原黨組書記李眞。這位當年橫行無忌的「河北省第一秘」，某次經人介紹，認識了一位所謂「大仙」，這位大仙給李眞算的頭一卦就是能否當上國家領導人。傻子也知道大仙是肯定要說奉承話的，這位大師掐指一算：「長不過五年，短不過三年。」李眞一聽高興極了，出手就甩給大師5000元錢。大師有點嫌不夠，要再加一千，李眞毫不在乎：「你要6000，我這裡給你8000吧，我就圖個發。」此後，李眞很長一段時間內風調雨順，於是對這位神仙大師佩服有加，凡事都要先找其卜卦算命。就在被徹查的當天上午，李眞已經有預感此去不吉，驅車前往省委的路上，他打電話找到這位御用「大仙」，叫其再給自己卜一卦，看看下午的談話有沒有風險，需不需要「跑路」。大仙很快打回電話，安慰李眞，說算出來是個無災無難的結果。李眞眞的相信了，七上八下的心情平復了許多，可最終，他這一去還是沒能平安無事地回來。

經過近兩年的審判，李眞被判處死刑，剝奪政治權利終身。臨刑前，一位記者曾經入獄對他進行採訪。記者問及這位昔日前途無量的年輕幹部：

「現在什麼對你還有誘惑？」

李眞咬著嘴唇，一字一頓地答：「生命和自由。」

「假如再讓你出去，你首要做的是什麼？」

李眞面部沒有表情、嘴唇也沒翕動，茫然地抬頭：「假如，假如，會有假如嗎？」[1]

注1　喬雲華：《李眞靈魂毀滅探訪錄：喪失信念就要毀滅一生》，2003年10月10日，新華網轉載。

李眞的御用「大仙」算不出他的死刑，胡長清的「8」字帶來的不是「發」而是「法」。「大仙」們與其說是會「算」，不如說是會「吹」。少了肯大把掏錢的李眞怕什麼？只要有貪官在，這些大師就不愁斷炊。官場上迷信算命，商場上也有不少同道中人。與此相關的著名事件，當屬某著名媒體的某著名導演，這位中年導演佳作送出，觀眾評價甚高，也多得領導器重，至今在該電視台的官方網站上，仍可見其遍佈溢美之詞的簡歷。「著名導演涉嫌受賄罪被警方拘捕」——大導演這則新聞一出，幾乎掀起了電視界反腐倡廉的大反思。而後，媒體陸續披露出警方調查取證的一些細節，更叫全國觀眾瞠目結舌。這位整天守在各種編輯機、攝像機前的導演，科學的東西不信，偏信算命、風水。拍片之餘捎帶斂錢，多年來積攢的萬貫家產何處去？該導演和那些貪官一樣，也向算命的請教。有位風水先生字字珠璣：要想保富貴，你的錢不能存銀行，折成現金放在家裡才是上策。風水先生萬萬想不到，他這一句話沒能幫大導演保富貴，卻幫了警察的忙。別的人搞貪污、搞行賄受賄，

往往狡兔三窟，十幾個存摺分散在各個銀行，檢察機關要想查明涉案金額，得反復調查，費勁得很；而我們這位大導演，罪證都轉了現金放家裡，警察登門取證的時候，滿屋子都是錢，看著氣派，數起來方便，極大便利了警方和檢察部門的調查工作。

凡拜佛的，都是為了保佑平安。幹了壞事的，希望化險為夷，逃脫法眼，也去求神拜神。明清時期，山西晉商篤信關公，大小商號無不供奉，那是由於當時社會相對不發達所決定的，是一種簡單純樸的行為；而今無神論講了近百年，家家戶戶還是你拜關公我拜菩薩，很多人用它來解惑是精神空虛，尋求寄託；貪官們、奸商們求神拜佛，並非為了激發自己內心的慈悲之念，而是因做了惡事內心恐懼，想求得一種超自然力量的庇佑，給自己那顆惶恐的心靈尋找寄託和歸宿；對神的「誠心」是假，求得神的保佑，存著僥倖心理企圖逃脫懲處是真。

59歲現象

「59歲現象」、「39歲現象」和「26歲現象」 是近年來人們對一些年齡特徵明顯的腐敗案件的概括。最早引起重視的是「59歲」一族，一些行將退休的幹部們在離任前大撈一把、大貪一次，幾成一道風景。原人大廣東省副主任歐陽德、投資銀行湖南分行原行長戴天敏、中國銀行湖南省分行原總經濟師羅京軍，這些國家中高級領導幹部，都曾具有開拓精神，做了很多好事，在國家各行各業領

風掌舵，帶頭創業，曾是有功於社會的政府官員和企業家，但在即將退下來時，他們卻沒能掌好自己的這把舵，因腐敗問題而身敗名裂，有些甚至走上了「斷頭台」。

◎ 廣東省天龍集團總經理謝鶴亭，59歲之際貪污挪用公款2000萬元人民幣；

◎ 中國長動集團公司董事長于志安，59歲之際攜帶40萬美元出逃；

◎ 北京首鋼黨委書記管志誠，59歲之際犯受賄罪、貪污罪被法辦；

◎ 雲南紅塔集團董事長褚時健，59歲之際主謀貪污公款335萬美元。

2003年末，南京市政府紀檢部門對本市3年來的紀檢工作作了全面總結統計。統計結果的數字不容樂觀：三年來，486個貪官遭到法辦，平均算下來，每兩天半就有一個貪官被徹查歸案。在486位貪官中，60歲左右占的比例不少。原南京醫藥產業集團高級顧問江中銀，65歲；原江蘇省建設廳廳長徐其耀，60歲；原江蘇省供銷總社負責人周秀德，61歲；原南京市勞動局局長包智安，55歲；原南京裝飾（集團）有限公司董事長兼總經理陸鐵軍，59歲；原南京市房產管理局產權處處長張金泰，60歲，等等。幹部隊伍的「59歲現象」果然名不虛傳。*1*

注1　陸幸生：《南京貪官榜特徵：每兩天半一個貪官被開除黨籍》，2003年11月15日，《新民周刊》。

就「59歲現象」的許多個案來看，絕大多數人在犯案之前都

可說是在崗位上兢兢業業一輩子的好幹部。可他們在臨近退休之時，往往因為一件小事，造成心理失衡，進而泥潭失足，走上犯罪道路。從這些貪官的口供中，很容易看出一種普遍的思想軌跡：「過去從來沒有撈到什麼好處，現在快退下來，如果再不用手中權利謀取私利就沒機會了。」

「有權不用，過期作廢。」抱著這樣的思想，再看到身邊的一些幹部以權謀私卻並未得到應有的懲罰，「人家貪了並沒有翻船，我要是貪一點就一定會翻船嗎？不一定吧。」如此的僥倖心理和「過期作廢」的思想，最終推動這些老幹部們放棄了恪守幾十年的公僕之信、為官之道，不顧黨紀國法，競相趕著這59歲最後一班車，走上了貪污腐敗、晚節不保的不歸之路。59歲離職退休並不意味著下台一鞠躬，從此什麼都不是、什麼都沒有。「清正廉潔」寫來短短四字，做起來其實很不容易，「靡不有初，鮮克有終。」多少人做到了清正一時，卻沒能做到廉潔一世！

以前有句老話，「革命不分先後」，這話套用在今天，有人給改成了「腐敗不分老少」，年輕的貪官們青出於藍而勝於藍，有了「前輩」們前仆後繼的前車之鑑，這些高學歷高智商的青年幹部，斂起錢來胃口更大，藏得更深，手腕更多。來自最高人民檢察院的資料顯示，2002年全國檢察機關共立案不滿35歲的國家工作人員貪污受賄案件7331人，占全年38022人的19.28%；共立案不滿35歲的國家工作人員瀆職案件2820人，占全年9677人的29.14%。2003年1至5月的統計中，這兩個比例依然居高不下。

腐敗與官員的學歷無關，與官員的年齡也無必然聯繫。隨著幹部選拔的年輕化、專業化，一批高學歷、年紀輕的人在公眾的信任目光中，破格走上了領導崗位。他們意氣風發，辦事效率高，給我們的幹部隊伍帶來了一股青春的活力。然而，帶進了青春的活力，卻沒能抵擋住幹部隊伍裡的妖氣。年輕幹部們坐上了皮轉椅，出入有了司機，辦公有了秘書，腳跟便輕飄飄起來，貪慾和眼界一起打開，不斷膨脹，進而失去節制，腐化墮落，逐步淪爲「階下囚」。

「廣州市最年輕的局級幹部」林衛輝，平時生活就很講究「檔次」，抽的是名煙，喝的是名酒，穿的是名牌，回母校開校友會開的也是「賓士」、「寶馬」。林衛輝收受賄賂、濫用職權一案被揭開後，不少群眾對林的犯罪事實甚爲驚訝。人們難以思量，這樣年輕的幹部竟有如此大的胃口：林在職時間不長，但斂財效率甚高，涉嫌收受房地產商賄賂共計人民幣11萬元、港幣36萬元、日元10萬元、加拿大元及美元若干。此外，林衛輝對其擁有的10萬元人民幣、97萬元港幣、1萬元美元不能說明合法來源。2000年6月，林衛輝濫用職權，越權審批，擅自決定免收某房地產商應當繳納政府的綜合開發費，計人民幣1100萬元，致使國家遭受重大經濟損失。

謝韜，雲南省思茅市原市委副書記、市長，大學畢業後被分配到雲南省經貿委，最初僅是一名普通的辦事員。後來，他幸運地成了一位省級領導的乘龍快婿，很快被選拔到領導崗位。謝韜從他

自己的親身經歷中，悟出了一個「訣竅」：找一個過硬的後台，勝過個人奮鬥二十年。從此，他把編織政治關係網看做是升遷和當官的重要手段。當謝韜眼看可以棲上更高的枝頭時，便毅然決然地踹開了結髮妻子——那個曾魔術般地使他年紀輕輕就官運亨通的高幹女兒，向更高的枝頭「攀龍附鳳」而去。這樣的情節不免令人想到法國小說《漂亮朋友》中為了擠進上流社會，踩著女人腦袋往上爬的那個男主角。書中的「漂亮朋友」最後果真成功地跳「龍門」，飛黃騰達了，而謝韜卻沒有這樣的「好命」。這位年輕的市長，在職期間挪用公款、收受賄賂，政治生命很快終結：2001年初，謝韜因貪污受賄、挪用公款被雲南省高院終審判處有期徒刑11年。

腐敗一定是與權力相聯的。南京3年反腐，被懲處的486名貪官中，就其職業涉及房地產、醫藥、國營企業以及政府的勞動局、公安局、省計委等，用老百姓的通俗話講，都是「能耐比較大」、「油水比較多」的部門。這種現象說明，當前腐敗的高發區、易發區大多在權力比較集中的職能部門，如有人事權、稅權、藥權、招投標權、執法權等等單位。儘管腐敗的個案各有不同，但都有一個共性，就是與權力相聯。凡是有權力的地方、部門、崗位都容易滋生腐敗，而腐敗的滋生都是對權力制約不夠所造成的。以此邏輯推理，似乎印證了一句話：權力產生腐敗，絕對的權力產生絕對的腐敗。

西方國家，誠信是最基本的從政品質，不誠信就會失去公眾的信任，並有可能因此而丟掉官職。柯林頓任總統時險被彈劾，最

充分的理由並非柯林頓與萊溫斯基的風流案，而是柯林頓在接受檢察官詢問時作僞證。雖然最終沒有被國民從總統寶座上掀下來，但是，柯林頓也爲自己於國不誠、於妻不信而著實驚出了一身冷汗。我們在引進市場機制的同時，也應將誠信機制引進來，尤其是要將官員的誠信機制引進來。官員不誠信，極大地損害了市場經濟機制，損害了社會的誠信機制。

　　加強官員的誠信建設，要靠官員的自律，更要靠制度的他律。

　　自律——從主觀上自我約束，爲領導者正人先正己，育人者首先受教育，率先垂範，做好表率。經過幾千年實踐證明，人治行不通，自律脫離他律而單獨存在也行不通。那麼什麼是他律？——他律就是從客觀上下手，不但應發揮制度的約束監督作用，讓誠信者得益，讓不誠信者受損，還應發揮人民群衆的監督約束作用，給人民以權力，讓群衆參與監督領導者。

　　官員的自律加之有效的群衆監督、制度約束，二者內外結合，一個清廉的政府指日可待，一支誠信的幹部隊伍也指日可待。

美國有個「二奶村」

　　我們不必再去檢索其他的信息渠道，僅每天播放的「焦點訪談」，就足以令人提出這樣的疑問：那些公然違憲違法侵害國家公共利益、公民財產權利和踐踏法律毫無誠信的事件，何以往往都是

用工作失誤，或好心沒辦成好事之類的託詞草草了之？越來越多的地方的所謂人民「公僕」們，當官不謀其政而謀己私，斂錢斂夠了一走了之。我們搞外貿出口，如今捎帶著連領導也搞對外「出口」？

腐敗是老百姓議論最多的話題。官方披露的數字是，截至2002年末，4000多名貪污受賄犯罪嫌疑人攜公款50多億元逃到國外，著名的有國家電力公司原總經理高嚴、貴州省交通廳原廳長盧萬里、河南省煙草專賣局原局長蔣基芳、中國銀行廣東開平支行原行長許超凡、河南省服裝進出口公司原總經理董明玉、浙江省建設廳原副廳長楊秀珠等有名有姓的人物，無法指名道姓的外逃者難以計數。外國報紙報導，美國和加拿大的許多大中城市的房價一漲再漲，主要原因就是中國移民需求量太大，而且太有錢，幾百萬美元一次付清還全是現金，嚇得美國人大張嘴巴半天合不上。

這些巨富、大款，實質上有不少人正是在國內撈夠了的貪官污吏和他們的親戚子女，甚至是致富後在外邊包養的所謂「二奶」。美國洛杉磯就有一批這樣的華人「二奶」，她們住豪宅、開好車，白天休息、晚上打牌，過著自由自在的生活。時間久了，這些有著共同語言的「二奶」們逐漸湊到一起，形成了在當地非常有名的華人「二奶村」。

這個「二奶村」坐落在洛杉磯以東地區起伏的山巒中，雖稱其為村，實質上是一片漫山遍野的別墅式住宅區，名叫羅蘭崗。20世紀90年代，許多走出國門的中國公司紛紛來到美國設立跨國

公司，洛杉磯是他們的第一站，很多公司的辦公地點就設在這裡。其中，一些規模並不大的民營企業老闆，在國內銀行貸了許多款，他們藉口到美國來拓展業務，將部分資金轉入美國。然後，他們在美國申請綠卡，這樣不僅將來全家可以移民美國，而且一旦成為美國人，他們從中國銀行貸的款也可以拖賴掉。而當時美國經濟不景氣，尤其是美國房地產業，從1990年的高峰跌下後，一直沒有回升。為了吸引外來資金，刺激經濟儘快復甦，美國鼓勵外國人到美國設立跨國公司。於是，來這裡開跨國公司的中國企業一下子多了起來。

在這裡建立分公司後，老闆們自己來管理顯然顧不過來，派別的人來管理，又不太放心。於是一些老闆便把與自己關係最為特殊的人———情人或「二奶」派過來，一來可以管理分公司，二來可以不讓老婆找麻煩。羅蘭崗及其附近地區在1990年之前是一片荒野之地，到了1994年，房地產公司才開始開發。站在這裡的高處可以俯瞰洛杉磯的美麗景色，於是一座座山頭變成了豪宅小區。出於長期考慮，當時的一些中國老闆便在這個小區為自己的「二奶」買下房產。「二奶」們的身份、經歷和愛好都比較相似，她們愛扎堆，有共同語言，也可以互相照顧，所以其房子都買在了一起。於是「二奶村」就這樣逐漸形成，並被周圍的華人叫出了名。

因公常駐美國的環球時報記者曾經專門前往羅蘭崗，撰文披露了這個華人「二奶村」的狀況：

　　在有名的房地產專家和經紀人劉小姐的帶領下，我來到羅蘭崗一個山腳下的別墅區大門口。大門中間有個類似傳達室的崗樓，崗樓兩邊是進出車道。傳達室的牌子上用中文寫著：「居民通道」、「訪客通道」和「貴賓通道」等字樣，顯然這裡面住的基本是華人。

　　老闆的情人也好，「二奶」也罷，她們剛被派來時，身上有很多錢，但語言不通，買房子又需要時間。她們剛來洛杉磯時先是租高級公寓住下。據說羅蘭崗的普恩蒂山非森特公寓就是當時她們居住的地方。那天我進該公寓看了看，裡面多為兩室一廳的高級住房，周圍風景優美，游泳池、健身房、網球場一應俱全。公寓對面是一個很大的購物中心，買東西、用餐、娛樂都十分方便。

　　「二奶」們的男人們多數時間在國內，平時她們沒什麼事做，據說整天閒得無聊，所以常常聚在一起玩牌、打通宵麻將，到了白天則睡覺，因此白天「二奶村」四處靜悄悄的。「二奶」們在這裡不愁吃穿，享受美好的環境和新鮮空氣，倒也非常快樂。

　　據說，這些「二奶」還有一個共同的特點，就是年輕而且漂亮。其中不乏歌手、演員。可是，歲月不饒人。再年輕漂亮也經不起時間的消磨。如今這些「二奶」們要麼已經和「大奶」競爭上崗，提升為「夫人」。要麼重新嫁人，做了別人的妻子。還有實在嫁不了或不想嫁的，就把這裡的房子賣了，賺上一筆，再買個便宜的地方居住。這些年來，洛杉磯的房地產一直火爆，銷售價格年年增長。當初「二奶」們買下這些房產的時

候，每套價值在30萬美元左右，前兩年賣到40多萬，現在可以賣到50多萬。「二奶」們雖然頭腦比較簡單，但有一點她們很清楚，就是這些房產購買時都必須是在她們的名下。

許多女孩子是給別人「包」在這裡的，她們有豪華的房子住，有高級轎車開，有足夠的錢進行消費。在她們看來，一個女孩子可以通過做「二奶」這種「捷徑」來免除自己漫長的艱苦創業過程，提前享受到富裕人生。但也有些「二奶」是出於無奈，或為了在美國生存才這樣做的。一名在成人英文學校就讀的女子說：「老闆壞，自己有老婆還在外面另包女人。我要他供我上學，自己儘快找工作。」，「二奶」們的心情是複雜的，但目的只有一個，希望在這裡過上好日子。如今，一些新「二奶」們已經不再扎堆居住，而是相對分散開來，當然還是以居住在富人區為多。比如在亞凱迪亞地區，就有不少這樣的年輕漂亮的新「二奶」，她們居住在豪宅裡，甚至為貪官、老闆們生兒育女，等待著老闆把她們提升為「大奶」。1

注1《洛杉磯有個華人「二奶村」，守衛森嚴非請難入》，2003年11月17日，《環球時報》。

國內貪污受賄的案件層出不窮，而且層次越來越高，「二奶村」正是面反光鏡，折射出這些不法分子的胃口之大，手段之「高明」，通過各種途徑，把「店」開在國內，而把「窩」則安在國外，大量資產轉移出境。據專家推算，這類非法資金轉移，每年保守的估計不下1000億美元。

貪官外逃

與那些驚弓之鳥般的刑事犯罪外逃者相比，身份體面的高官和腰纏萬貫的國企老總、地方官員，其攜款外逃行為更多地帶有主動性、從容性和計劃性。他們早就設計好了合家「遠走高飛」的分步驟計劃：創造種種「合理」名目，先將妻子兒女弄出去做接應，同時「暗度陳倉」，將鉅額不法資產轉移出境；解決了這些「後顧之憂」後 ，貪官自己則暫時留在國內以掩人耳目，靜觀時變；一有風吹草動，便能迅即抽身外逃，溜之大吉。廈門市原副市長藍甫為給在澳大利亞上學的兒子買別墅，向賴昌星一次索賄30萬澳元。遠華大案曝光後，眼看自己就要落馬，他立即倉皇出逃澳洲。

為了最終能圓異國夢，某些貪官費盡心機，不惜付出漫長的期待和曲折的運作。新華社駐倫敦記者黃興偉調查發現，國內有個別政府官員或國有企業的負責人，通過送子女到英國留學而將在國內的非法收入轉移到子女在英國的帳戶上，有的甚至在英國置辦房產。這些家長大多是市縣的局級或處級幹部，在國內玩弄實權，變本加厲地獲取不義之財。否則，其子女作為一個外國學生在英國讀完本科，如何能支付起將近100萬元人民幣的總花費。

「二奶村」並非僅存在洛杉磯一隅。貪官外逃的去向和其資金的流向，跟撈到的贓款多少緊密相關：涉案金額相對小、身份級別相對低的大多就近逃到我國周邊國家；案值大、身份高的大多逃往西方發達國家；一些直接弄不到去西方大國證件的官員，索性先龜

縮在非洲、拉美、東歐等小國，暫時作爲跳板，伺機轉往第三國；另有相當多的外逃者，更巧妙利用香港這個世界航空中心的區位，以及港民前往原英聯邦所屬國家可以實行「落地簽」的便利，通過我國的香港中轉，再逃到其他國家。

中國歷史上有項重罪，名爲「欺君之罪」，一些歷史上的貪官污吏因欺君之罪遭滿門抄斬。「君」者，皇帝，一國之主。新中國成立，封建社會畫上句號，人民成爲國家的主人，而爲非作歹、營私舞弊的高官、老闆們，通過背棄人民的信任聚斂財富，無異於也犯了當代的「欺君之罪」。

權力的異化帶來的必然是腐敗，原本謀公益、公利的權力在有些人手中變異爲謀個人私利的工具，貪污、受賄均屬此類。權力的非責任化也是一種腐敗，弄虛作假、欺上瞞下且可以不承擔責任。責、權分離是權力的另類腐敗。「沒有比誠實更珍貴的遺產」。莎士比亞這句至理名言，今天聽來依然擲地有聲，而在大量的貪官污吏眼中，鈔票才是最最珍貴的財產，他們攜帶鉅額國家財產外逃，然後改頭換面，在異鄉過起好日子，堂而皇之出入於國外上流社會，香車美酒俏佳人。不講誠信弄虛作假的腐敗已經嚴重地影響到黨和政府的形象，已經影響到政策形成的科學性與正確性，影響到施政的效果。

「撈了就跑，跑了就了」，「誓將去汝，適彼樂土」。爲逃避國內打擊而逃往國外的案例日益增多，邊當「公僕」邊撈錢，撈夠了就攜鉅款潛逃海外。職務犯罪嫌疑人負案外逃，已遠遠超越了背棄

人民信任、囑託這一道德層面，構成當前經濟犯罪和腐敗現象的新動向。2002年最高人民檢察院和公安部宣佈：「據不完全統計，目前有4000多名貪污賄賂犯罪嫌疑人攜公款50多億元在逃。其中，有的已潛逃出境，造成國有資產大量流失，使一些國有公司、企業難以爲繼，社會危害十分嚴重。」 國家反貪總局一位人士透露：「貪官外逃攜卷的錢款不斷攀升，涉案案值比1995年前大大增加，貪污上百萬元、挪用上千萬元的大案屢見不鮮。」，「外逃人員中，在金融系統任職的比較多一些，國有公司、企業的經理、董事，以及具體接觸、管理錢財的財務人員、營銷人員也較多。」

　　舉凡外逃的官員，當初大都經過層層選拔和淘汰才能夠走上高層領導崗位。何以這些肩負著人民的信任，由黨和國家多年培養起來的人傑們，坐上高層領導寶座之後，紛紛又踏上腐敗犯罪繼而外逃異國的不歸路？

　　問題出在「拒腐防變」這個關口。和當年的劉青山、張子善相類似，一些領導幹部隨著職位的提高，接觸人群的「層次」逐漸提高，面對那些有錢的大款，靜有豪華別墅，動有高級跑車，而自己空掌著人民交給的職權財權，家中過的小康生活怎能比得上這些「中康」、「大康」？亂了陣腳，失了方寸，理想信念發生「井噴」，精神支柱向私慾傾斜。外逃貪官中，相當一部分人早已背叛了共產黨人的遠大理想信念，與黨和國家離心離德，世界觀、人生觀、價值觀逐漸發生動搖，喪失了共產黨員的立身之本。於是，他們趁大權在握時狠撈一把，積極爲自己準備「後路」。

客觀上看，貪官外逃現象是我國經濟轉型時期演化出的一種新的腐敗孽胎和社會怪病。處於經濟轉軌期的中國社會，新舊體制相互交錯、碰撞，體制、機制和制度中的某些層面呈現出缺失、倒錯狀態。少數政府官員、國企管理者以及經濟、金融系統的工作人員鑽了體制轉軌進程中的種種空子，通過貪污受賄等手段大肆攫取非法財富。特別是利用企業改制、兼併、破產、重組、拍賣等，化公爲私，侵吞國有資產。「國家的錢實在太多，沒有誰數得清楚，也沒有誰看守得天衣無縫，我只是取大海之一粟矣。」一位腐敗分子被抓捕歸案後，這樣振振有辭地爲自己開脫。

2003年3月，在政協九屆五次會議舉行的第三次全體會議上，俞雲波委員作了如下發言：「那些本應受法律追訴的人，逍遙法外，而人民的合法權益卻難以得到保障。有些單位給本單位的人開證明、蓋公章，連犯罪嫌疑人不在現場的證明都敢開。堂堂國家法定的司法鑑定部門因利益驅動而枉法，置法律尊嚴於不顧，製作假鑑定報告。有些謊報政績，上報假情況，臉不紅，眼不眨，膽大妄爲，他們從來不認爲因此要承擔任何責任，在他們的心目中，『誠信』兩個字似乎並不存在。」

路在腳下

2003年4月，一位署名「浪漫的海灘」的南方某市網友，投書新華社，發表了他對當地政府關於信用的一些建議和看法。新華網

的編輯同志將這篇言之懇切的文章刊登在了新華網網站上。

禁止摩托車入市與政府誠信
網友：浪漫的海灘

　　誠信是社會道德的基本要求，我始終堅信我們的政府是一個誠信的政府，從來都是最講信用的，在禁止外地牌照摩托車入市這一事關市民日常出行的重要事情上也是一樣。所以，一開始我就舉雙手擁護。即便是我的摩托車被抓我也毫無怨言。可是最近我在朋友的提示下，查看了2001年5月和今年我市禁止外地摩托車入市的有關報紙報導，相互比較後，大吃一驚，這件事讓我以往的觀念發生了動搖。

　　按照2001年的報導，早在2000年，市政府就下文停辦A牌照的摩托車行車證，當時我市A牌照的摩托車有40000多輛，而今年的有關報導中，A牌照的摩托車數位變成50000多輛，車太多使道路交通不堪重負。既然已停辦A牌照的摩托車行車證，怎麼會在一年多的時間裡又多了一萬多輛？而且占總數的20%。……我認為，如果大家都是市民，對道路都有通行權，如果不發牌照大家都不要發，如果要發放牌照，大家都一起發或者是抽籤發放，為什麼只給部分人發放，而更多的人卻沒有機會得到？難道我們的道路是他們家出錢修的嗎？更令人難以想像的是發放如此數量龐大的牌照，市民竟然一無所知。這到底是為什麼呢？更令人不可思議的是，同在一個城市裡，市屬車管所在2001年5月1日後發放牌照的摩托車可以入市，而區級車管所在

2001年5月1日後發放牌照的摩托車卻不可以入市，難道只許州官放火不許百姓點燈嗎？

按照2001年的報導，只要是行車證上是我市府城居民住址的，都可以進入市中心區。本人和許多市民一樣，在符合政策的規定下買車，而且也是按照規定辦的牌照，行車證上是本市市內居民住址，我相信我的摩托車可以在市區內暢通無阻，但沒想到現在又說不給入市，真是朝令夕改呀。

從這次報紙的報導，我們可知，禁止外地摩托車入市的原因不外乎有三：一是市區現在的摩托車太多，道路交通不堪重負；二是摩托車發生交通事故太多，本市目前的交通事故中，摩托車所占的比例太大；三是使用摩托車犯罪的「兩搶」案件太多。

我認為，對於第一條原因，並不能成為理由。道路交通不堪重負其主要表現應當是交通堵塞，而目前本市並沒有出現這種情況。交通實際上是暢通無阻的。如果說是由於摩托車太多造成交通不暢，為什麼交警部門在2001年5月1日後還發放了一萬多摩托車牌呢？如果說要禁止摩托車入市，那麼首先應當禁止的是這些摩托車，而不是所謂的「外地」牌照的摩托車，因為，這些摩托車是在當時市民們在得知政府允許本市府城居民住址的「外地」牌照摩托車可以入市的情況下才買的，而且是光明正大地辦牌的，這類摩托車有幾萬輛之多，如果按照每輛5000元的保守價格算，那麼市民們買車的花費就有幾個億。如果禁止這些摩托車入市，這些摩托車將作廢，市民們的損失該由誰來承擔呢？

　　對於那些後來才辦A牌照的摩托車來說，他們是在政府停辦A牌照後通過非正常途徑辦理的牌照。按正當手續辦牌照的車不能入市，通過旁門左道辦牌照的車子卻可以入市，這豈不是天大的笑話嗎？

　　對於第二條原因，如果大家都遵守交通規則，就不會有太多的交通事故，所以我們應當查處的是交通事故的肇事行為，而不是要禁止車輛通行。

　　第三條原因就更可笑了，只能說明警方破案不力，治安防範工作未做好。難道作案使用的全都是外地牌照摩托車嗎？如果要使用摩托車作案的話，使用什麼牌照的摩托車都是一樣的，並無牌照地址之分。所以，這三種理由都不能成立。我認為，這是本市交警部門對於交通治理不力，為推卸責任的一種說法而已。只要加大力度，治理違章行為，交通事故是可以減少的。就像對犯罪行為一樣，我們只能通過打擊犯罪活動來減少犯罪行為的發生，而不應該通過禁止人們出外活動來減少犯罪的發生。

　　我認為，目前禁止摩托車入市並無必要。多少年來，在我們這個小市裡，摩托車始終是市民們出行的主要工具。禁止摩托車入市不僅會影響市民們出行，影響市民們外出活動，從而也會間接影響到本市的商業市場，不利於經濟發展。如果說是一定要禁止的話，首先應當禁止的就是2000年2月份，市政府下文停辦牌照後通過不正當途徑辦照的車輛，其次是禁止超年限使用的摩托車，最後要禁止的是外地牌照和非本市居民住址的摩托車。這三種摩托車禁止入市後，A牌照的摩托車已經所剩無

幾了，本市摩托車的總體數量必然會大為減少，本市的交通狀況必然會大為改善。

　　大家知道，政府一再提倡要建立一個誠信的社會，政府在報紙上公開告知市民，這些摩托車可以入市，便是一諾千金。古人言，君子一言駟馬難追，古人都懂得誠信的重要，難道我們今天的公僕們反倒不如先華嗎？當官的一言，市民們就要損失幾個億，難道你們心不痛嗎？在市人大會議上，陳市長發言表示，要建立信用型政府，親民型政府，希望陳市長能信守諾言，莫讓市民們失望。

　　即使要限制摩托車行使，這樣禁止也是欠妥當的，要給那些按政府規定買了下面市縣牌的市民們一個能入市的機會，以免造成重大浪費和損失。是否可以這樣規定，實行牌照單雙號行駛制度，這樣既可限制摩托車在市內行駛的數量，又可以做到不讓那幾個億的摩托車浪費，這樣為民著想的事，公僕們就不可以考慮一下嗎？1

　　注1《禁止摩托車入市與政府誠信》：原文轉於新華網海南專區。部份章節引用時有所刪改。

　　網友的投書，詳細指出了當地政府摩托車限行政策左右搖動給百姓帶來的不便。雖是一篇投訴信，其言辭間卻不難讀出，這位作者對政府改善政策衝突的希望之懇切。百姓並沒有對政府失望，社會並沒有對政府失去信心，只是希望能夠好上加好一點，政策再

透明一點，考慮再周全一點。社會瞬息萬變，政策由於實際情況的需要而相應調整在所難免。而由於考慮不周、不妥當，新舊政策存在這樣那樣的前後矛盾也難以完全避免，群眾指出來，政府根據實際情況相應調整了，事情也就化解了。

這篇文章沒有被當成刁民小文石沈大海，而被刊登在網上，這是一個政府對民聲的重視，這是政府對百姓的公信。胡錦濤主席在「七一」重要講話中深刻論述了「三個代表」重要思想的本質，這就是立黨為公、執政為民。何為「立黨為公、執政為民」？小事上重視民言民聲，多為百姓考慮，這就是最實際的立黨為公、執政為民。

「三杯吐然諾，五嶽倒為輕。」這是李白《俠客行》中的詩句，形容承諾的分量比大山還重，極言誠信的重要。現在一些地方政府，為了招商引資，搞了許多對投資者利好的宣傳，但是一到實際中，又因為種種原因而一再毀約。「剛剛學會了，又說不對了，剛說不變了，又下文件了。」正是老百姓對地方政府朝令夕改、政策變化無常、隨意施政的辛辣嘲諷。

政府講誠信，百姓所希望的無非是三點：保持政策的連續性；有踐諾能力；勇於承擔責任。老百姓最害怕的就是政策的不確定性，今天說往東，明天卻又說往西，或者一朝天子一朝臣，明明這個縣長答應了，換了下任縣長卻又不算了。政策的朝令夕改不但最終將失去人心，還會對經濟社會的發展造成不可彌補的損失。

除了防止朝令夕改的政策反復外，還需要言必信、行必果，

說話算數，說到做到。而做到的也未必全是對的。於是百姓便期冀
於第三條：有錯必糾，敢於承擔責任，勇於開展批評和自我批評。
十六屆三中全會上，國家確立了開展全國誠信體系建設的方針綱
要。目前，各地都在紛紛回應中央政府這一號召，競相上馬誠信立
市、誠信立省的工程和計劃。誠是一種德，信是一種道，誠信建設
是建築於百姓心中的工程。取信於民，得乎民心，順乎民意，誠信
得也。

　　中國有「民以吏爲師」的古訓。從古至今，人們總是認定政
府和政府官員是大公無私的，是完美無缺的，是應該而且能夠擔當
起百姓的誠信之師的。但當政府自毀承諾，不兌現合約的事件一再
發生後，社會上大量的背信棄義、毀諾失約，就會成爲一種難治的
頑疾。

　　國資委經濟研究中心主任王忠明對政府信用問題發表如下觀
點：

　　政府信用的本質是制度信用。從宏觀而言，政府信用對國
家信用體系的建立，它所具有的核心作用是至關重要的，一般
要從改變徵信資料的管理開始，要向社會開放商業銀行和公用
事業單位的徵信資料，並且商業化，在這方面要做很大的文
章。政府信用不僅僅是一個經濟學的概念，經濟學範疇的研究
對象，而且是道德、倫理、公眾形象概念，它區別於國家信用
以政府爲債務人發生的信用關係，寧可把政府信用的概念界定
的更加廣泛一點。一個誠信的政府一定是非常講究依法行政的

政府，當前，在政府信用的建設當中當務之急是要改變信用制度的缺失現象，信用制度的缺失是最大的缺失，而依法行政最有利於建立政府信用，加大失信的治理力度是重振政府信用的突破口。失信現象嚴重地侵蝕著我們中國市場經濟的秩序，如果不進行治理，實際上就是政府失職，也就談不上政府信用，因此在重振政府信用或者是在建設政府信用當中，應當把加大失信的治理力度作為突破口，這也是對公眾利益的一種捍衛、維護和尊重。

官員腐敗，實際上從信用角度也一定是一種失信，中國人從小學開始，甚至從幼稚園開始就有很多的諾言，系上紅領巾，戴上團徽，入黨，從小到大每個人事實上都對社會做出過諾言。所有的腐敗從信用的角度來講都一定是一種失信的結果，要建立信守諾言的自律意識，政府尤其要講信用，如果政府能夠恪守信用意識，全社會的信用建設就是有望的。講信用的同時，對不講信用的行為要嚴懲。政府內部滋生的腐敗現象、假冒偽劣、坑蒙拐騙等失信行為，都是些對公眾利益有嚴重損害的行為，從群眾的角度來講不會嫌嚴懲力度大。

沒有信息化就不可能有很高的信用水平，信用缺失往往是在信息不對稱的情況下形成並且得逞的，加強信息披露、信息共享，有助於堵塞信用缺失，這應當是政府信用建設當中很重要的途徑。只有公正、透明的信息環境才能培養真正的信用度和公信力，在

2003年春抗擊非典的鬥爭中，我們的媒體起到了非常好的穩定民心作用，這是建立在群眾對媒體尚存較高信任度的基礎上的。假如群眾對國內的報導失去信任，自然而然就轉向外國媒體或者聽信謠言，最終會產生嚴重的不滿和不信任。中國應當有所警覺，要保持經濟快速增長就必須提高透明度和增強責任心，所謂的信息流動透明性或者透明度等等都是與誠信，特別是政府信用密切相關的。

中國加入WTO之後，應當對信用有更深層次理解。WTO規範更多的是對各國政府的制約而非對企業的制約，所以政府信用水平必須提高到WTO尺度也是當前應當清醒面對的一個事實。加入WTO是落後向先進的看齊，而不是先進向落後的遷就，入世不僅僅意味著機會，也包括著風險，特別是信守承諾是要付出成本的，如果我們還是用那種投機取巧的心態來處理對WTO規則的承諾，我們就可能從起點上背離了入世的初衷。

2002年全國政協九屆五次會議期間，俞均波委員，曾站在人民大會堂的講臺上念了這樣一幅精彩的對聯：

上聯：　上級壓下級，層層加碼，馬到成功；
下聯：　下級騙上級，層層摻水，水到渠成；
橫批：　數字出官，官出數字。

一些地方政府小衙門，為討彩，為保官，對當地狀況欺瞞不報，或者報了，但弄虛作假，欺上瞞下，十個數字有八個是假的。

265

第九章
誠信立足

　　我們的法律對失信者的懲罰力度，遠沒有達到讓造假者不敢造假的力度，還有大批的失信者沒有受到應有的懲處，而一些受到法律薄懲的失信者，懲罰過後接著失信，甚至是邊受罰邊失信……

　　如果上市公司無信義，那麼上市只是圈百萬、千萬股東的錢；如果保險公司無信義，那麼投保者的生老病死、下崗失業就無保障；如果企業無信義，生?了大量假冒偽劣產品，就坑害了消費者……

　　現在所謂的誠信建設，很多還停留在畫餅充饑的階段……

高昂的成本

現代我國社會是一個匿名社會，各種流動、交往和交換複雜而又頻繁。在歐美發達國家，各種信用交易占到交易量的95%左右。交易雙方能否守信踐約的最直觀的識別符號，就是信譽。信譽是政府、社會組織、企業、個人信用狀況的長期積累而獲得的良好名譽，是最直觀的信用標識。它不僅僅只是一種商業評價，也包含著道德評判。一家信譽度高的企業，一個信譽度高的市場品牌，傳遞給消費者的，是一流的道德操守，一流的產品品質，一流的社會誠信度。

廣西玉柴機器股份有限公司董事長王建明這樣理解現代社會的「誠信」：

第一，誠信是一種具有回報的投資，特別是在中國剛剛從計劃經濟轉向市場經濟的情況下，我們很多企業普遍不適應市場經濟是信用經濟的客觀事實，相當一部分企業採用坑蒙拐騙，假冒偽劣這種方式來積累自己的財富。這種聚斂方式事實上早晚會受到這樣、那樣的懲罰。恰恰是在這麼一種背景下，如果我們有一些企業，有自律意識，首先在誠信方面下功夫，看起來暫時會吃些虧，但是最根本、最長遠的市場經濟一定會青睞這些老實人、青睞這些誠信創業、勤勞致富者。誰能夠率先有這麼一種自覺意識，誰就能夠獲得最理想的投資回報。

第二，誠信建設也是一種能夠確保企業可持續發展的寶貴

268

資源，要打造一個優秀企業、「長壽」公司，特別是像那些百年商業王朝、百年老店，就必須對顧客有絕對的忠誠。如果沒有對顧客的忠誠，顧客也不會對你忠誠。百年老店「胡慶餘堂」，今天為什麼還能夠屹立在我們的商業世界當中？歸根到底就是它的區牌裡兩個字「戒欺」，絕不短斤缺兩，絕不以次充好，一定下決心戒除對用戶對顧客的欺騙行為。「戒欺」這種精神，是我們在走向市場經濟的競爭戰場當中特別值得提倡的一種精神。

　　第三，我們的誠信水平應當隨著我們對外開放的深化而提高到新的水平。特別是中國加入世界貿易組織之後，我們的誠信必須提高到WTO的尺度。WTO在某種意義上是一種信譽大法，如果我們的企業、我們的政府都能夠按照入世承諾，很好規範自己的行為，那麼我們的企業，我們的政府，我們個人的整個形象都會有很大改變。在整個社會走向全面小康的進程當中，保證我們的法制建設、我們的信用意識、我們的信用保障都能得到充分的發展，也就能保證我們的社會公眾生活隨著經濟發展而健康發展下去。

　　在完善的市場體制中，「優」和「劣」有著更加豐富的內涵，信用便包涵在內，信用好的生產者長期生存，不講信用的生產者終被淘汰，這是市場的自身淨化功能。然而我國的市場對失信行為的約束較弱，使得市場對失信行為懲罰滯後，公平原則遭到破壞，以至於那些守信用、合法經營的企業在不公平的競爭中反倒失

去了優勢，守信企業不敵失信企業的競爭勢頭，反而率先遭到淘汰，出現了「劣幣追逐良幣」的逆淘汰現象。背信棄義、欺詐製假的行為反倒成了一種有利可圖的行為。在一個社會中，當不講信譽、不守信用的行為能夠帶來利益的時候，就會在社會上產生誤導作用，因為利益的驅動力是不容回避的。

揚湯難以止沸，薄懲適足養奸。我們的法律對失信者的懲罰力度，遠沒有達到讓造假者不敢造假的力度，還有大批的失信者沒有受到應有的懲處，而一些受到法律薄懲的失信者，懲罰過後接著失信，甚至是邊受罰邊失信。

誠信需要成本。中國人歷來講究借錢還錢，還不了錢就要負這個責任，現在的人學會跑，學會逃，失信給人們帶來的成本有時僅僅是一張飛機票錢。而與此同時，恪守信用的人付出的成本卻很高。河北省原省委書記程維高案徹底查清之前，石家莊建委的一名小小科級幹部郭光允，為了揭發程維高在工程裡面的問題跟他鬥了8年。事實上，郭光允發的最早一封舉報信內容很善意，僅僅是很痛心，痛心我們這樣一個省長、省委書記在國家建設工程裡面搞名堂，希望程維高能夠很好地盡到一個公僕的責任，潔身自好。檢舉的後果就是郭光允為「信」字所付出的代價：在沒有公開審判、也沒有任何有效證據的情況下，在程維高的授意下郭光允被開除黨籍，並因「投寄匿名信，誹謗省主要領導」而被勞教兩年。這位建委幹部付出的成本太高了，幾次險些賠上身家性命。捍衛誠信的人需要付出高額成本，而失信的人，成本支出卻幾乎為零，這種現象

是非常可悲的。

　　誠信不僅是一種品行，更是一種責任；不僅是一種道義，更是一種準則；不僅是一種聲譽，更是一種資源。就個人而言，誠信是高尚的人格魅力；就企業而言，誠信是寶貴的無形資產；就社會而言，誠信是正常的生產生活秩序；就政府而言，誠信是良好的政府形象。

誠信更新

　　電腦的發明和廣泛應用，引領人類社會進入又一次新的生產力革命。電腦技術領域有一個重要概念，就是軟件與硬件相適應而發展：十年前我們用的電腦還是386、486，操作平台是MS-DOS，至多為WINDOWS3.2。隨著電腦技術的「奔騰」發展，而今的電腦已經來到了奔四、奔五的時代，適應電腦主頻率的不斷發展，主流操作平台也經歷著windows3.2到windows98、windows2000、windowsXP的不斷升級。舊軟件不可能適應硬件的飛速發展，如果在今天的電腦上安裝早期軟件，勢必帶來無數電腦故障。

　　軟件應當與硬件相適應而發展的概念同樣適用於道德領域。面對科技、文教、政治、醫療衛生等等社會各個領域內出現的越來越多的背棄誠信現象，有人慨歎：人心不古，世風日下；有人拍案：誠信風尚不存，長此以往，國將不國。事實僅僅是中國人忘記了千百年來的誠信的道德風尚嗎？

　　亞當・斯密在眞善美和假惡醜的種種論述中，也談到正義和信用。他認爲，正義和其他美德有一重大區別，當你違背正義的原則，反其道而行之時，就要受到報復，付出代價，多行不義必自斃。而違反其他美德則只能規勸、說服。與他同一時代的美國開國元勳、政治家、科學家佛蘭克林對信用極爲重視，他提出：「時間就是金錢」，「信用也是金錢」。他認爲，保持良好的信用和信譽，可以讓只有少量財富的人，更好地利用別人的財富發財致富。守信用能讓個人和社會較快地增加財富。現代學術思想史的巨匠馬克斯・韋伯充分評價了佛蘭克林關於「時間」和「信用」的觀念：觀念一變，生機盎然。市場經濟更需要信用，我們現在應該毫不猶豫地吸收「信用也是金錢」的觀念，破除信用只是資本主義專利的思想束縛，高揚信義、信用、信譽的大旗，昭大信於天下。

　　忽視信義，將對社會主義市場經濟造成莫大的危害。如果上市公司無信義，那麼上市只是圈百萬、千萬股東的錢；如果保險公司無信義，那麼投保者的生老病死、下崗失業就無保障；如果企業無信義，生產了大量假冒偽劣產品，就坑害了消費者。借錢不還，欠帳有理，應收款無法回收，那麼三角債就永無解脫之日。如果只有法制而沒有信用支撐，雖然市場還能運作，但其交易成本就會高得無任何效益可言。

　　忽視信用，蔑視信義，究其根源，原因是多方面的。一是計劃經濟的影響，以計劃調撥、統購統銷代替了商品交換，人們的生產任務觀念代替了商業信用。那麼銀行和企業之間也用不著形成商

業性的信貸關係；二是符合社會主義市場經濟的價值觀、倫理觀、信用觀建樹緩慢，相對滯後，這同市場經濟中人的本質都是自私的淺薄認識有關。過去文革中有「階級鬥爭無誠實可言」，現在不少人則認爲市場經濟也無誠實可言。吳敬璉先生就講過一個生動的故事：「有一個小老闆對我說，現在是你騙我，我騙你，稍一不注意就給人家騙了。所以現在我有錢也有項目，但是不敢投。坐吃山空也比被人騙走了好。」事實上，情況遠比吳先生講的這一事例還要嚴重、可怕得多。我們應加快社會主義市場經濟中的倫理學建設，要繼承我國優秀的文化傳統——義利之辨，社會主義的義利觀應比清代商人的義利觀有著更加光輝燦爛的意義。

義利兼容，既有經濟學上的意義，又有倫理學中的意義。既爲現代市場經濟所需要，又和中國傳統的優秀文化有承繼淵源，符合江澤民同志題詞精神。張聞天說過：「生活的理想，就是理想的生活。」，「我們不是利他主義者，也不是利己主義者，是兩者的統一。」這對全國人民都是一種極好的啓迪，對企業家尤有意義。

誠信之源

人們常說「對天盟誓」、「對天發誓」，意思是說對天必須誠實守信，否則天理難容。至今許多國家還遵守這樣的程式：總統在就職時，必須手扶聖經宣誓，以示誠信。

誠信起於人類對大自然的敬畏，又脫胎於對大自然的敬畏。

273

《論語》有言：「人而無信，不知其可也。」意思是說，如果在人際交往中不講誠信，那簡直不可想像。

儒家文化的誠信觀念，一直深刻影響著我國千百年來的經濟發展。中國封建社會的商業經濟很早就比較發達，城市化水平曾長期處於世界領先水平，信用經濟、紙幣流通也最早出現於中國，《清明上河圖》的盛景絕非虛構。

近代我國山西省的晉商，雲南省的滇商，經營票據金融業曾興盛長達幾百年，票據匯兌不僅遍及中國，而且遠到蒙古、俄羅斯、日本、印度等國家。這種遠距離異地匯兌金融業務，在新中國歷史上，也不過才是近十年的事情，至於當年跨國的個人通存通兌業務，至今還根本是空白。對此現象梁啓超先生說：「晉商篤守信用。」

山西省的晉商，早在明清時期便雄踞於徽商、湖商、粵商等全國十大商幫之首，稱雄中華商界長達五百年之久，據有關資料記載：明清以來，就有著「凡是麻雀能飛到的地方，就有山西商人」的說法。由此可見，晉商遍及範圍之廣。晉商以雄財善賈而盛譽海內外，在中國經濟史上佔有十分顯赫的地位，世界經濟史學界也把晉商與義大利商人相提並論，給予很高的評價。晉商能創造如此的輝煌，主要秘訣是什麼？四個字：誠信經營。

先義後利、以義制利，甚至捨利取義是儒家倫理思想的內核，山西晉商們牢牢地記住這幾句話，並以此作爲至理名言一代一代地傳承下去。晉商王文顯訓誡其子曰：「夫商與士同心。故善商

者赴財貨之場而修高明之行，是故雖利而不污。」清代晉商喬致庸提出：「首重信，次講義，第三才是利。」

把信譽視爲命根、堅持信譽第一的晉商們，他們始終強調做買賣必須腳踏實地，不投機取巧，賺不驕傲，賠不氣餒，決不做玷污商號招牌的事。有的晉商因經營遇險而不愼破產，若干年後，子孫經商再次發跡，對本來無須承擔的父輩甚至祖輩欠下的陳年老債，也主動上門，代先人償還。諸此之事，屢見不鮮，外國人曾就此事評論說：「這種品德在其他地域從未見聞。」梁啓超也評論說：「晉商篤守信用。」1888年，英國匯豐銀行在上海的經理回國前，對晉商有過這樣一段評論：「這25年來，匯豐銀行與上海的中國人作了大宗交易，金額達幾億兩，但我們從沒有遇到過一個騙人的中國人。」

晉商因注重信譽而聲名遠揚，自然招來不少的終身主顧。明清年間，蒙古人多在山西、內蒙一帶與中原人進行商業交易往來，絕大多數蒙古人都是認准晉商某一牌號的磚茶後，長期購用，一生不變，而且只認牌子，從不還價。他們甚至以晉商的磚茶代替銀兩貨幣，作爲物資交換的手段。晉商還爲蒙民賒銷物品，一季一結帳，雙方均講信用，凡應允之事，必須辦到。有人把山西旅蒙商成功的原因總結爲：「平則人易親，信則公道著，到處樹根基，無往而不利。」

清朝末年，山西平遙城內有個討飯幾十年的老太太，一天拿著一張一千二百兩的匯票，到日升昌要兌付白銀。這張匯票歷時三

十餘年，日升昌經查驗無誤後，立即將本息全額兌付。原來，這個老太太年輕時，丈夫在張家口做皮貨生意，賺錢後辦成匯票，藏在身上，在回家途中染病身亡。幾十年後老太太摸丈夫惟一的遺物夾襖，無意中摸到這張匯票。通過這件事，日升昌誠信爲本、童叟無欺的聲名大振，業務愈加紅火，事業如日中天。

晉商篤信「和氣生財」，高度重視各方面關係的和諧，包括財東與掌櫃、夥計關係，同行同業關係，客戶關係的和諧等等。山西曹家聘用了一位經理代其打理曹家的「富生峻」錢莊，因經營不利，這位經理幾年間把曹家給的本錢全部賠光。曹家問清原因，不但不加責難，而且再付給他本錢，讓其繼續幹。後來終於轉敗爲勝，不僅使「富生峻」起死回生，而且又新開了四家分號：「富盛泉」、「富盛長」、「富盛誠」、「富盛義」。晉商與同業往來中，既保持平等競爭，又保持相互支援與關照。商號的友好合作夥伴，互稱「相與」。對待「相與」，必竭力維持，明知無利可圖，也不中途絕交。萬一對方倒閉，成了呆帳，也就聽之任之，當做教訓。民國初年，包頭「雙盛公」財東楊老五，欠富盛泉白銀六萬兩無法償還，楊老五給喬映霞磕了一個頭，就算了事；大順公絨毛店欠現注一千元，還了一把斧頭、一個籮筐即算了結。等等。這種恢宏氣魄，影響深遠。

以「仁義」著稱的徽商也是當時我國經濟發展的一支重要力量，徽商們同樣本著「以義取利，爲義讓利」的誠信原則，以其良好的商業道德、靈活的經營策略和任重道遠的「徽駱駝」精神，在

商場上艱辛開拓，成為富甲一方的地域性商幫。

中國，歷來就是一個講信用的民族。「貨真價實，童叟無欺」的經營方針成了中國老字型大小的創業之本、守業基石。就是這八個簡單的大字，伴隨著這些守誠重信的名牌老字型大小走過了無數的風風雨雨；就是這八個大字，讓這些老字型大小成了中國老百姓心目中的誠信典範，同時也為現如今的商店企業立下了守信講義的金牌典範。

從古至今，中國人就知道「誠信」是企業生存的首要法則，發展的生命線。在中國經濟發展史中，以誠信作為經營之道的企業不在少數，他們同樣用「誠信」二字為自己撰寫了不朽的光輝。

有著三百年悠久歷史的同仁堂藥店，進門處一副對聯引人注目：「品味雖貴，必不敢減物力；炮製雖繁，必不敢省人工。」靠著這份承諾，同仁堂從一家普通的家族藥鋪，發展成國藥第一品牌，歷經三百年風雨而不倒。

美味揚名海外的全聚德烤鴨店，也同樣追求著經商的誠信之道。全聚德的烤鴨製作在數位上嚴格遵守著一絲不苟的精神：烤鴨出爐後5分鐘之內給客人端上餐桌，一隻鴨子必須有90片以上，荷葉餅寬15釐米、長17釐米的規格絲毫不能差。靠著這些，全聚德走過了130多年的歷史，成為中國飲食

業的第一品牌。

徽屯老街「同德仁」是製售中藥材的百年老店，為保證藥材貨真價實，維護商號聲名信譽，店主每年專派經驗豐富的老職工前往名貴藥材原產地收購原料。在加工炮製方面，更是遵守操作程式，嚴格把關，從不馬虎。每年秋末冬初，「同德仁」都要舉行「虔修仙鹿」儀式，讓眾人現場監督「百補全鹿丸」製作的全過程。徽商在經營中，正因為堅持以真取信，以誠待人，秉德為商，重義取利，才贏得了廣闊的市場和彌久不衰的聲名。

明朝徽商胡仁之在江西南豐做糧食生意，即使在天災大饑之年「斗米千錢」的情形下，也決不在糧穀中摻假害人。清末胡開文墨店發現有批墨錠不符質量要求，老板胡余德立即令所屬各店停止製售此墨，並將流向市場的部分商品高價收回，倒入池塘銷毀。為保證商品質量，維護客戶利益，決不摻雜使假，甚至不惜血本，毀掉重來。明代有一徽商在江蘇溧水經商，低息借貸便民，從不居中盤剝。嘉靖二十二年穀賤傷民，他平價囤積，次年災荒，穀價踴貴，他售穀仍「價如往年平」，深得百姓敬佩。無獨有偶，休寧商人劉淮在嘉湖一帶購囤糧穀，一年大災，有人勸他「乘時獲得」，他卻說，能讓百姓度過災荒，才是大利。於是，他將囤聚之糧減價售出，還設粥棚「以食飢民」，贏得了一方百姓的讚譽和信任，生意自然也日漸興隆。

致富以後的徽商們，不忘回報社會，積極捐資興辦社會公益事業，舉凡建義倉、修水利、築道路、興學校等等，無不在其捐助

278

範圍之內。明清兩代是我國自然災害的頻發時期，在有關明清的自然災害史料中經常可以看到，「水旱災傷，人民艱食，無以賑濟」，「災荒時年，民不聊生，百姓被迫流移他鄉，乞食街巷……轉死溝壑，餓殍道路」的記載，面對如此嚴重的自然災害，單靠封建社會各級官府的賑濟，顯然是無濟於事的，又加之賑災官員乘機大肆克扣侵吞賑災糧款，致使百姓生活更是陷入一片水深火熱之中。在這種情況之下，徽商們更是慷慨解囊，積極地投入到對災荒的捐助和賑濟事業當中。據有關資料記載，嘉靖九年（1530年），秦地發生旱蝗之災，「邊陲飢饉，流離載道」，正在榆林經商的歙縣鹽商黃長壽立即「輸粟五百石助賑」，使災荒得以緩解。崇禎十三年（1640年），歙縣糧商吳民仰運載千石小麥途經上海時，正值該縣發生飢饉，他「見之惻然，盡以舟麥散飢人，人各一斗，得以旬日以待食新，所活無算」。乾隆七年（1742年）揚州發生水災，歙縣鹽商汪應庚一次就捐銀6萬兩，用於賑濟災民……

　　史料中諸如此類的記載真可謂是數不勝數，徽商們用「誠信」二字創業、守業。同時，富不忘本的徽商們用自己的所得換取更多百姓的生命，其品德是高尚的。他們這種犧牲暫時利益造福社會的義舉，贏得了社會和災民的普遍信賴和愛戴，在廣大社會群體中樹立了良好的形象和聲譽，為其商業的進一步拓展和豐厚商業利潤的獲得，打下了堅實的基礎。「受惠者眾，而名日高，商業日盛，家道日隆。」

　　幾百年後，徽商與晉商相繼走向衰敗，繼而退出了歷史舞

台。時光荏苒，當大家再次翻開這本沈重的歷史，更深層次地去瞭解他們的發跡之道時，不難發現，在當時商界稱雄一方的晉商、徽商們，他們的成功均有異曲同工之妙。用十二個字來概括：誠信為本，以義取利，為義讓利。

誠信是儒家道統哲學觀念的核心之一，它滲透到了中國社會生活的方方面面。蔡元培先生認為，中國缺乏宗教的傳統。漢武帝「罷黜百家，獨尊儒術」，是想使封建道統能尊於一，有利於封建專制。但這種儒術與官紳的生活規範結合較緊密，而離老百姓在痛苦的生活中尋求生老病死的精神解脫需求太遠，所以中國社會民間歷來多迷信、邪教，同時對宗教的包容性也很強。

儒家道統與佛教、基督教、伊斯蘭教文化最根本的不同，就在於儒家道統本質上是以家族宗法為基本模型的「官紳」文化。說簡單點，國法就是家規的複製和擴大。儒家文化歷來都是忠孝並重，老百姓看不見皇帝，但明白家規。統治者把家規擴大，類比成國法，把對長輩的「孝」上升為對皇帝的「忠」。同時各級官吏也都自比為老百姓的大大小小的父母官，把老百姓也看成自己管轄內的「子民」。把家族內的血緣關係控制，演化為國家地緣行政關係的管理。這就是中國封建社會利用宗法制度控制國家的核心機制。

儒家道統，重在縱向關係的調控，重在上下的服從，忽視義理的民間普及，宣傳長幼尊卑的禮教思想，而輕於民間的橫向關係，所以在社會底層的穩定性不強。當老百姓把各級父母官，特別是把皇帝看成是誠信化身的時候，一旦社會出現動亂，特別是出現

改朝換代的變化，社會的誠信將出現大面積的滑坡。

中國傳統社會的宗法制是靠「縱向誠信模式」來維繫的。這事實上隱含了國家與老百姓之間的一種契約關係：「衣食父母。」當皇帝和大小官吏是以家長的身份出現在百姓面前時，就等於承諾了老百姓的「飯碗」問題，用今天的話說，政府承諾了一條社會保障的「底線」。於是這條底線與國家的信譽、誠信結合起來。這種家族誠信在自身邏輯上必然具備這樣兩大特點：一，對老百姓的生存權負有責任，即父子關係式的誠信；二，對老百姓權益的干涉甚至侵害具有隨意性，即家庭內部式的專斷性。在這樣一種大的社會環境約束下，只要國家保證了老百姓的生存底線，老百姓會在權益侵害的問題上做一定讓步。反之，如果國家在保障老百姓生存底線上失信於民，則整個社會的誠信體系將出現崩潰。也就是說老百姓對社會、對國家保持誠信是有一個最基本前提的。對此，大史學家司馬遷指出：「禮生於有而廢於無」，東漢時期的哲學家王充講得更加明確：「禮義之行在穀足」，就是老百姓尊禮的前提是先有飯吃。中國歷代重農，因農即穀，穀即禮，禮即國之命脈。

「文化大革命」的歷史去之不遠，新一代的年輕人，已經對那個時代「山呼萬歲，萬壽無疆」的場面百思不解。但那絕不是一段假歷史，那是真的，那是萬民的一種虔誠和信仰。平心而論，那段荒唐的歷史，其責任恐怕不能全推到某一兩位領袖人的身上。那是一個民族的悲劇，也是一個民族的責任，一個國家的錯誤。因為那是我們整個民族對那個時代的認識水平。我們沒有脫離自身傳統文

化中早已落伍的一面——「縱向誠信模式」的引力，仍然左右著我們。

　　中國民營企業研究所所長戴元晨對誠信的歷史基礎有如下分析：

　　一定的文化必定要以一定的經濟為基礎。我國千百年來流傳至今的誠信文化，是建立在封建社會小農經濟的基礎之上的。封建所有制的一個重要特點就是分散和封閉。歷代地主階級為穩固自己的政權，對百姓均採取分地到人頭的政策，實行井田制、郡縣制，將田地分散到人頭，將人固定在土地上，以便分而治之加強管理。土地的分散極大影響了地域之間人的流動。百姓的活動範圍受到限定，隨著土地一起被分別圈在一個個小圈子內。而受交通工具落後的限制，從客觀上說，人們也不可能有什麼大範圍的地域間活動。

　　這種分散、封閉的土地制度所產生的社會形式，就是一個個相對獨立的小圈子，很多人可能一生的活動範圍僅限於一個村或者一個縣。而在小圈子內部，人與人間的交流往來又因為圈子的狹小而十分密切，每個小圈子裡的血緣和地緣關係保險力量都十分巨大。生活在這樣一個小圈子裡的百姓，一戶貸款則意味著向全村人借錢，如若欺詐違信，很容易就會四鄰皆知，為人側目，再難抬頭。於是一方面借款戶絕不敢胡花亂用、賴本村人的帳，另一方面左鄰右舍都會盯著借款戶在經營能力、貸款投向、損益情況等方面

的變化，更何況還有村、鄉兩級行政干預這只「看得見的手」的威懾作用。儒家孔孟推崇的為人誠信概念就建立在此種客觀條件之下。換言之，建立在封建經濟基礎上的「誠信」道德觀念，其對人的行為約束力，是在一個小圈子裡絕不能搞欺詐作假。

我們的誠信意識並沒有丟，千年悠久文化歷史積澱下來的「無信不立」之思想並沒有丟。事實上，我們所面對的是一個亟待由舊「誠信」升級到適應當今時代市場經濟發展的新「誠信」的歷史過程。

建立在這種相對發展緩慢、趨於停滯的封建經濟基礎上的傳統意義的這種「誠信」，在類似封建社會這種相對發展緩慢、趨於停滯的封建經濟基礎上是完全行得通的，但如今我們要面對的卻不是趨於停滯的發展，而是趨於光速的變革社會，在光怪陸離、瞬息萬變的商品經濟，花花世界面前，既有的老一套「誠信」概念顯得不堪一擊，一個人失信了，隨便買張飛機票，幾個小時後就是天涯海角。軟件講究更新換代，人們的思想也必須更新換代，「誠信問題」這一道德約束概念必須跟上光速變革的社會發展腳步，進行同版本的升級換代，才能與社會相適應而發展。

源遠流長

中國國際經濟科技法律人才學會常務副會長胡晟盛在接受記者採訪時說：

　　法律最高的一個條款叫「帝王條款」。這，就是誠信。合同法一開始就是講誠信。誠信應該有成本，你不講誠信，你就要付出你承受不起的成本，通過這種約束，誠信建設才能有效建立起來。

　　企業失信，無非兩種直接處罰辦法，或者賠錢，或者被曝光。很多企業怕曝光，往往寧可賠很多錢也要保住信用聲譽，錢沒了還可以在市場上掙回來，但曝了光，被公諸於世，整個企業就會失去信譽，這個成本是無法估量的。這是一個信用成本的問題。講誠信也是需要成本的，建設整個市場的信用體系是需要成本的，這個成本應該講比其他基本建設的成本要低得多，但收益卻無可估量之大。

　　中國傳統文化的突出特點，就是「君子文化」，做君子很難，往往為了達到這個標準，大部分人終身為之奮鬥，社會成本比較高。而西方的信用文化是一個小人文化，小人信用，信用文化道德水準方面，西方社會傳統的要求其實並不高，執行起來難度不大，主要是防止了小人的作用，因此它制定的信用制度大部分切實可行，而我們國家的信用制度做起來非常難。

金誠国际信用管理有限公司　董事长　王艺

北京金誠信用管理有限公司總裁王藝接受記者探訪時，談到了一些當好信用管理公司管理人員的心得：

自從成立了信用評估

公司，確實時時刻刻得意識到自己是「搞信用的」，萬萬不能有不講信用之事。我兒子每天都提醒我，只要我一件事兒沒做好，就會被他嘮叨：「你還信用公司老闆呢，說話不算話。」雖然是個孩子，可是說得確實是我們應當每時每刻注意的地方。

北京交管局2003年出台了一個關於黃標車的新政策，根據這個政策規定，黃標車將不能進入部分市區幹道。這個規定涉及到我所在公司，公司司機去驗車，一驗車出問題了，被掛了黃標，但這個車是1999年的賓士320型，狀態挺好，想繼續在市區行駛就得花四萬多塊錢加三氧催化劑。做信用評估的公司開個黃標車，實在有損形象，只好趕緊去換裝。這錢交了以後，以為這個制度最後就按照這個來執行，還比較踏實，但最近聽說，有幾個朋友的車也拿到了黃標，去驗車的時候很容易就把黃標改成了綠標，只花了30多塊錢。這裡面出現兩個信用問題，一個是政府信用，政府在制定這個政策的時候有沒有想到這個政策能不能執行下去，會不會把政府的信用賣掉，賓士公司找到中國交管局協商這個事兒，如果賓士車加上這個東西以後，很可能不僅達不到淨化空氣的要求，反而還出現問題，出台這些政策的時候有沒有考慮到這個問題。

王藝同時談到了信用文化問題：

最近不少人談到信用文化的時候，總的說來都認為中國信用文化比較落後。這點我不同意，文化沒有所謂的先進和落後

之分，落後國家的文化，落後地區的文化，落後民族的文化不能是落後的文化，它是不同狀態的文化。

信用文化一定要繫根在信用制度之上，沒有好的信用制度，信用文化是建立不起來的。要警惕目前把信用文化或者是信用問題庸俗化的現象，最近說什麼都是信用，什麼東西都能扯到信用，現在信用是一個筐，什麼都能往裡裝，似乎信用問題解決了社會什麼問題都能解決，這個應該引起注意。

如何選擇在中國信用文化特點基礎上建立我們自己的信用制度？現在大家已經有了共同的感覺，我們再不能走傳統的計劃經濟那一條路，但是在做出選擇的時候，出台一些政策的時候，由於我們壟斷基因在起作用，所以多多少少會帶有一些傳統計劃經濟的思想或者是痕跡。要堅持政府啟動市場的原則，防止壟斷意識和壟斷行為，一定要用政府這只看得見的手去指揮那只市場運作看不見的手，而不能由政府這只看得見的手再培養自己另外一隻看不見的腐敗之手，否則這樣的兩隻手絕對會把誠信起家、在市場裡面打拚的企業捏死在搖籃裡。

立足誠信

8月8日，這個被中國人視為大吉大利的日子，卻曾一度是溫州人心中的隱痛。1987年的這一天，在杭州的武林廣場，溫州人一把怒火燒掉了產自自己家鄉的40萬雙假冒名牌皮鞋，這把大火徹底灼痛了溫州人因造假而變得麻木的自尊心。

　　沒有誰比溫州人更能夠體會到信用缺失的痛苦和重建信用的艱難。20世紀80年代，民營經濟走在全國前列的溫州，遭遇了前所未有的信譽危機。以次充好、假冒偽劣的產品使溫州企業甚至不敢打溫州的牌子，被迫採取與外地廠商合營的方式。市場經濟運行的法則使溫州人最終認識到，信用缺失已經成為遏制經濟發展的「敗血症」，它正在無情地吞噬著健康運行的市場經濟的「軀體」。

　　信用缺失的毒素不僅侵害了溫州、汕頭等一些地區經濟的健康發展，它還滲透到經濟生活的每一個領域。有資料顯示：2001年，全國被公安機關立案偵查的偽造金融票據、違法票據承兌的犯罪案件高達7000多起，涉及金額52億多元；利用合同進行詐騙也已成為一個突出問題，僅去年上半年，全國合同違法案件就有5000多起，涉及金額16億多元。來自工商部門的統計表明，目前我國每年訂立的合同約40億份，但履約率僅有一半。

　　12年後，1999年的同一天同一個地方，同樣燃起了一把大火，同樣還是燒鞋。但不同的是，這次所燒的全是仿冒溫州的名牌劣質鞋。這把火是溫州人為自己正名的大火，也是溫州人為自己雪恥的大火。

　　8月8日成了溫州人的「信用日」。溫州市政府把信用分成三個層次：首先是政府信用；第二是企業信用；第三是個人信用。政府信用是基礎，政府信用的核心就是要百分之百的兌現政府的承諾，要依法行政。有了政府信用這個基礎，企業信用才會越來越好。

　　溫州如今流傳著這樣一個說法，許多私營企業老闆手裡都有

一枝「金筆」，無需擔保，也不用抵押，僅憑自己的簽名就可以在銀行貸到千萬元貸款。這大概只是民間流傳的誇張描述。但溫州人講誠信的形象確實已經日益取代了昔日的「假貨」溫州、「騙子」溫州。據中國人民銀行最新統計，溫州不良貸款比率僅為5.9%，遠低於全國平均水平。

另一則消息更令人深思，安徽省一個個體老闆桂小歡從溫州返家，途中不慎丟失了36張溫州客戶打給他的欠條，總額達13萬元。桂小歡難過得「想死的心都有」。試試運氣吧，桂小歡當即返回溫州，沒想到，在不到一周的時間裡，13萬元的欠條款全部順利拿回來了。難辦的事情在溫州變得好辦了。為什麼？一句話，溫州樹立了誠實守信的理念。當年那一把火熄滅後，很多人都對溫州人「打造信用溫州」的口號持懷疑態度。溫州人沒有一蹶不振，十幾年臥薪嘗膽，勵精圖治，如今，信用已經成了溫州經濟發展最有力的助推器，有人將溫州現象譽為「溫州信用」。「假貨之都」如今成為「中國鞋都」、「中國電器之都」。信用也是生產力，信用也是無形資本，這在溫州得到了最切實的驗證。

企業信用，是中國企業走向世界的一個通行證。中國加入WTO的歷史意義是巨大的，中國市場從獨立走向了世界融合，經濟全球化大潮開始真正向我們湧來。通行證是什麼？是信用。進入國際市場的通行證就是信用，信用是我們的第二張名片。

堅守誠信的溫州人已經得到了豐厚的回報，近30家企業年均產值超過億元，產品遠銷一百多個國家和地區，其中獲准佩帶「真

皮標誌」的企業占到全國的50%；正泰、德力西等一批低壓電器生產企業，年銷售額數十億元，傲居同行業之首。

溫州在重建誠信、恪守誠信中再次崛起，以誠信走出了一條全新之路。在南方，汕頭的沈浮，也是近年來最具典型意義的誠信個案。

汕頭是我國最早設立的4個經濟特區之一，得改革開放風氣之先，經濟和社會各項事業取得了長足的發展。但到了2001年，汕頭的國民生產總值比上年下降了兩個百分點。國民生產總值出現負增長，這在汕頭還是首次。

改革開放的大路上，汕頭向來被人譽為「排頭兵」，而昔日的「排頭兵」卻日益演變成了「後進生」。汕頭的GDP為何會出現負增長？至關重要的一條原因就是信用缺失。

2001年起，汕頭多年來積累的深層次矛盾集中顯露，一些地方經濟秩序混亂，社會信用缺失，產品在國內市場受制，經濟發展缺乏後勁和活力。汕頭市所遭到的這些問題，基本上都是信用缺失造成的。尤其突出的是個別地區一些企業信用缺失，走私販私、製假售假、偷稅漏稅、逃廢債務等違法犯罪行為，破壞了市場秩序，敗壞了汕頭的聲譽，造成了惡劣影響。一時間不少地方和企業一不敢和汕頭人做生意，二不敢要汕頭的貨，更不敢要汕頭開出的發票。

亡羊補牢，未為晚矣。在信用缺失的那場風暴中付出沈重代價的汕頭人，在「治本」上下功夫，以極大的精力和高漲的熱情整

飭市場經濟秩序和社會秩序，實施「重建信用、重塑形象」的世紀生命工程，致力推進社會信用體系建設。經過努力，汕頭的信用建設已初顯成效。全市城鄉市場經濟秩序和社會秩序明顯好轉，投資者增強了信心，經濟呈現回春轉機和恢復性增長。2003年9月，臺灣一家經濟機構出版的2003年《中國大陸投資環境與風險調查白皮書》中，汕頭被列爲「值得推薦」去投資的城市之一。而在此間僅僅兩年時間，在相同的白皮書中，汕頭得到的評價是「不擬推薦」。正所謂「成也誠信，敗也誠信」。汕頭的經歷有力地說明了這一點。

汕頭大學專家認爲，信用環境將是衡量一個城市競爭力高低的重要標準。一個地區要吸引投資者和商家「眼球」，一個必要的措施就是要確保投資者能及時得到正確的信息以作出正確判斷。汕頭首先通過政府行爲強勢介入來建立企業、個人乃至最終建立完善的社會信用體系。

汕頭的誠信建設可以在短期內再樹汕頭地方形象，而整個中國的社會信用體系建設並非指日就能竣工。國家完善的社會信用體系建設，是一個相當艱巨和浩繁的遠期工程。中國的社會信用體系建設還完全處於一種無序的狀態，企業信用制度沒有建立，個人信用制度沒有建立，銀行信用、商業信用嚴重缺乏，欺詐行爲隨處可見。表面上，所有人都認爲誠信建設十分必要，幾乎所有的人都在高舉誠信的大旗，然而現實卻無情地告訴人們：現在所謂的誠信建設，很多還停留在畫餅充饑的階段。一切，才剛剛開始。

雙贏是金

對誠信缺失的思考，是一場高層次的道德反思，更是一場實際的市場遊戲規則的正確認識過程。誠實守信和得利益、佔便宜在這場思考中一直處於魚與熊掌能否兼得的困惑和矛盾狀態。首先要肯定的一個觀點是：誠實守信和利益並不是一對冤家，只要對二者有充分正確的理解，誠信的實現和利益的實現是可以同時達到的。

「眞實無妄爲誠，誠實不欺爲信」，這是誠信概念在倫理學層面的詮釋；延伸至經濟領域，則轉化爲所謂的信用。誠信的缺失，也就是信用制度的崩潰。計劃經濟轉型帶來了市場自由，但卻使倫理道德出現了趨利忘義的裂縫，這種裂縫撕裂了誠信和利益之間原本的紐帶，對利益最大化的狂熱和尙不完善的獲利機制，在狂熱的利益至上思想引導下，人爲地將「信」「利」二字放在了矛盾雙方的地位。恩格斯說過：「任何觀念的東西都來自經濟的物質的事實」，誠信也不例外，誠信作爲一種道德觀念和行爲方式，實質產生於人們的經濟生活和社會實踐之中。經濟學認爲，人的社會行爲的基本動機是謀求個人利益的最大化，由此產生的經濟學領域內的「誠信」認識有如下兩個重要觀點：一、誠信是人們在重複博弈、反復切磋過程中謀求長期的、穩定的物質利益的一種手段；二、誠信首先是基於利益需要而作出的一種策略選擇，而不是基於心理需要而作出的道德選擇。

　　這裡引出的一個名詞叫「博弈論」。博弈論又稱對策論，這個理論名詞也許聽起來比較晦澀難懂，其實說的道理非常簡單——「損人不利己」。有個「囚徒困境」的故事很恰當地反映了博弈論的主要觀點：話說有一天，一位富翁在家中被殺，財物被盜。警方在此案的偵破過程中，抓到兩個犯罪嫌疑人斯卡爾菲絲和那庫爾斯，並從他們的住處搜出被害人家中丟失的財物。但是，他們矢口否認曾殺過人，辯稱是先發現富翁被殺，然後只是順手牽羊偷了點兒東西。警方將兩人隔離，分別關在不同的房間進行審訊。檢察官說，「由於你們的偷盜罪已有確鑿的證據，所以可以判你們1年刑期。但是，我可以和你做個交易。如果你單獨坦白殺人罪行，我只判你3個月，你的同夥要被判10年刑。如果你不坦白而被同夥檢舉，那麼你被判10年，他只判3個月的監禁；如果你們兩人都坦白，那麼你們都要被判5年刑。」顯然最好的策略是雙方都抵賴，是大家都只被判1年，但由於兩人處於隔離的情況下無法串供，權衡之下，最穩妥就是兩人都選擇坦白，各判5年。

　　故事看起來簡單，實質蘊含了很深的博弈道理，也就是把所有可能出現的對策一組一組排列出來並進行分析，為決策提供參考，看看是坦白從寬好，還是抗拒從嚴好。我們換個例子具體分析誠信的產生這一問題。假定A是一名生產商，B是銷售商，AB兩個人做生意，會出現以下4種交易的可能性：

一、雙方都講誠信：

A按約交貨，B按約付款，各得其所，每人得到的效用都是10；

二、A誠信而B不誠信：

A交了貨而B不付款，那麼B獲得最大利益，得15， A吃虧了，得-10；

三、A不誠信而B誠信：

A收錢不發貨，利益實現了最大化，得15，而B吃虧，得-10；

四、AB雙方互不信任：

根本談不成這筆生意，則各自的效用都為0。

從上述分析中可以看出，為了追求自身的最大利益，AB雙方都希望對方講誠信，而自己則不願意講誠信，因為只有在不誠信的時候才有機會實現自己利益的最大化，而講誠信的人則很有可能吃虧。於是，合理的結果必然是：雙方都選擇不誠信，出現最後一種根本談不成交易的最糟糕結果。

實踐中的這種交易行為，在博弈論的觀點中稱之為「博弈」行為。上述博弈之所以會出現互不誠信的結果，最主要的原因在於雙方做的是「一錘子買賣」，即這種博弈只進行一次，A和B都決不會在這一次的博弈後再組織一次博弈。反過來，如果這種博弈是重複、連續進行的，即A與B約定的是長期合作關係，那麼無論是A還是B都不會為了占一次便宜而犧牲掉繼續合作、長期獲利的機會，雙方都會選擇誠信與合作。由此可見，要想使誠信成為博弈者的主動選擇，關鍵是要把一次性博弈轉化為重複性博弈。

那麼如何把一次性博弈轉化為重複性博弈呢？基本的思路有

兩條：

其一，每個博弈者建立各自的「圈子」——好比廠家銷售顯像管，你可以下次不跟這家電視機廠做買賣，但還是得跟別的電視機廠做顯像管生意，而電視機廠家之間是有「彩電同盟」的，無論賣給誰，始終你的顯像管都是賣給「彩電同盟」裡邊的企業。通過「彩電同盟」這個「圈子」，A與B的一次性博弈就轉化爲A與B所在「圈子」的重複性博弈。同時，「圈子」還有另一重作用，就是傳遞信息，一個顯像管廠家不誠信，彩電同盟內部企業私下交流後，誰也不會再買這個廠的顯像管，「雙盲」博弈變成「透明」博弈，買賣雙方誠信交易可能性就大大提高了。現實社會中的許多仲介組織，如保險公司、類似 「彩電同盟」的行會等等，成立的目的都是爲通過「圈子」效應來影響交易行爲。

其二，每次博弈都建立並公開自己的信用記錄——目前我們正在發展完善的信用交易記錄制度，就是要將個人或企業的行爲逐一登記在案，任何人在與某個企業進行交易之前都要查詢這家企業的信用記錄，一次失信留下污點，這個污點不管過多少時間都會在記錄中顯示，誰也不會跟有信用污點的企業進行交易往來，那麼你的生意也就沒法繼續做下去。如此一來，表面上的一次性交易事實上就是一種長期的交易，一次性博弈也就轉換爲重複性博弈。資本主義制度在其數百年的發展過程，經過無數的博弈實踐，逐步建立了保險制度和信用制度，前者擴大了博弈的空間，後者延長了博弈的時間，有效地保證博弈的重複進行，爲商業社會中限制投機行

為、促進誠信行為提供了制度前提。

　　恩格斯在《英國工人階級狀況》序言中說：「現代政治經濟學的規律之一就是：資本主義生產愈發展，它就愈不能採用作為它早期階段的特徵的那些瑣細的哄騙和欺詐手段。」　恩格斯的這段話中貫穿了一個思想：誠信是現代經濟規律之一。坑蒙拐騙圈地斂錢的狡猾手腕在西方市場上早就不適用了，為什麼外國人無一例外都講求信用？其所以如此，並不是出於倫理的熱狂，事實上，許多經營者從不誠信到誠信的轉變，不是良心發現，而是隨著市場競爭機制不斷健全，企業生存、發展、獲利的巨大壓力迫使他不得不如此。

　　商界的「店大欺客，客大欺店」、仲介分子投機倒把、廠商勾結壟斷價格，政界的新官不理舊帳、59歲現象、35歲現象，目前國內存在的諸多背信行為事實上都可以引用博弈論的研究方法分析解決。有意思的是，聽起來饒舌的「博弈」，英文單詞再簡單不過：Game。是的，所有交易無非就是一場場仁者見仁、智者見智的遊戲，市場經濟也無非如此，「信用」無非就是市場經濟下進行交易的遊戲規則。中國加入WTO，市場交易邁上國際化、全球化的台階，這就好比和鄰村孩子做遊戲，要想跟鄰村孩子一起玩得高興，必須商量出一個共同遵循的遊戲規則，否則沒人搭理你。一個道理，「跳房子」有「跳房子」的規則，「捉迷藏」有「捉迷藏」的規矩，談生意做買賣也有必須遵循的原則——那就是「信用」。

第十章
再造明天

湖南婁底一個貧窮的礦工，下礦工作時不幸遭遇礦難。在生命的最後時光，在求生無望的漆黑礦洞裡，他把自己誠實的心靈寫在安全帽上，臨死不忘讓家人還上欠別人的50元錢……

誠信紅燈

這是一個真實的故事。一位中國留學生在國外找了一個女朋友。一天深夜，他駕車和女朋友一起外出，遇到紅燈時，見前後左右既無車輛，也無行人，就自然而然地闖了紅燈，開了過去。第二天，他接到女朋友提出分手的電話，追問原因，女朋友說：「你連紅燈都敢闖，還有什麼事情不敢幹？跟你這種人在一起，我沒有安全感。」回到國內後，留學生再次戀愛了，新的女朋友是中國人。某天晚上，兩人外出途中，也遇到紅燈。這回他吸取了往日的教訓，在停車線內及時停車，等待綠燈。第二天，他又接到女朋友提出分手的電話，理由則是：「你在深夜都不敢闖紅燈，還敢做什麼？跟你這種窩囊男人在一起，能有什麼出息？」

深夜闖紅燈，在外國女友的眼中是什麼都敢幹，沒有安全感的根據；在中國姑娘眼裡，卻成了沒膽量沒出息的鐵證。這其中的差距，就是我們與發達國家公民在誠實守信意識方面的真實距離。

說到誠信，我們古有「君子慎其獨，不欺暗室」，今有「明人不作暗事」 等說法。這些都是中國

人誠實守信的道德訓誡。而今天，最流行的卻成了「撐死膽大的，餓死膽小的」，以往的訓誡早被拋在了腦後，成了古董。警察看不見，瞅準機會就闖紅燈，甚至只要沒有警察或監視器，大白天也明目張膽地闖紅燈。對於這種闖紅燈現象，來過中國的外國人一再驚歎：怪不得中國人的誠信狀況不佳，原來有那麼多的人在闖紅燈。

自古以來，誠信在中國老百姓心中無異於天，天必誠也。誠信也可以比作道德領域的一盞紅燈，紅燈本應令行禁止，然而如今，闖紅燈、躲紅燈、見了紅燈繞著走的說法似乎既時髦又實際。有過海外生活經歷的人們對此都有很深的感慨，在西方發達國家，遵守交通規則、紅燈停綠燈行是有修養、高素質人群的一種習慣，即便是深夜行車，四下無人，遇到紅燈時，車子也會按規矩在停車線後等候綠燈亮起，決不會搶行一分一秒。而放眼我國街頭馬路，闖紅燈者、翻越隔離欄者有如過江之鯽，見了紅燈停下來的人反倒成了大家的笑柄，闖燈的是英雄，等紅燈的是狗熊。很多老百姓和汽車司機過馬路前先看交通指揮燈，後看附近有沒有警察，交通燈上有沒有監視器，如果沒有，就堂而皇之地闖燈而過。人人從內心深處都藐視紅燈的存在、法律的存在，只因為交通警察會扣分罰款才「被迫」遵守交通規則。

一個是主動崇尚，一個是被動遵守。有人說，闖紅燈造成的道路交通事故層出不窮，我們需要更多的交通規則來約束行人車輛，杜絕逆行、越線、闖紅燈等可能造成的交通事故；需要更多的交通警察來維持我們的交通秩序。何以國外視為風尚和習慣的行

為，換作我國，就變成需要多種約束、震懾才能得以施行呢？

誠信是本

2003年5月，湖南婁底一個貧窮的礦工，下礦工作時不幸遭遇礦難。在生命的最後時光，在求生無望的漆黑礦洞裡，他把自己誠實的心靈寫在安全帽上，臨死不忘讓家人還上欠別人的50元錢。

無數人記住了這頂安全帽，記住了這頂帽子的主人聶清文，無數人瞭解到這個故事後，為他的一個「信」字流下了熱淚。這，就是中國信用建設的民意基礎。

2003年2月某天，江西人毛女士到某銀行辦理活期存款600元，由於營業員在電腦螢幕上輸入存款金額一時疏忽，多加了一個「0」，將600元打成了6000元。毛女士接過活期存摺，也沒仔細核對，就趕往單位上班。當毛女士離開後，營業員才發現了操作上的失誤，但儲戶已不見蹤影。因為該銀行的活期存款為通存通兌，為了保證資金安全，營業員及主管只得按有關規定將該筆業務進行沖數，然後將毛女士的600元存款重新存入帳戶。由於不知道毛女士的工作單位和聯繫電話，銀行工作人員一直無法與她取得聯繫。

兩個月後，毛女士的丈夫拿1200元現金到該銀行欲存入妻子的活期存摺，營業員向其解釋一個多月前打錯活期存款金額一事，並向他說明存摺上的6000元存款應改為600元，其丈夫無法接受事實，隨後離開銀行。銀行工作人員經多方查詢，找到了在某食品廠

工作的毛女士，銀行負責人與經辦人員向她詳細解釋了存款金額電腦操作失誤一事。毛女士的家庭經濟並不寬裕，她本人在食品廠打工，每月收入只有600多元，但獲知情況後，毛女士當場誠實地表示自己1個月前確實只存了600元，而非6000元，並以書面形式證實銀行職員所說的情況屬實，同意他們在自己的存摺上如實修改存款金額。另外，誠實的毛女士還表示，回家一定要做丈夫的思想工作，用誠信的眼光看待此事。

廣西柳江縣最近人人相傳著另外一個真實的故事：一位中年婦女將一張中獎100萬元的彩票歸還給彩票的主人。白新輝，在柳江縣開了間門面做小生意，同時代售體育彩票。一天，白大姐接到了一女客戶打來的電話，要求白幫她買一注16元的複式彩票，第二天送票款過來。白大姐自己墊資，幫客戶買下了這注複式彩票。不料，第二天早晨恰逢開獎，這張彩票竟然中了大獎，而且一中就是100萬。令很多人難以理解的是，白新輝卻沒有據為己有，而是恪守做人的準則，就憑客戶的聲音毫不猶豫地把巨獎拱手奉還。

買過彩票的人都知道，彩票最大的特點是不記名、不掛失，在誰手裡，誰就有權去領獎。白新輝是完全有條件拿這100萬元大獎的。彩票在白新輝手裡，都開獎了，客戶又還沒有付錢。有人為白新輝抱不平，有了這100萬，後半輩子能衣食無憂；還給人家這張彩票，你白新輝除了得到幾句感謝，幾聲讚歎，還有什麼？還有人給白新輝出主意：就跟顧客說你忘記打出彩票了，或者換另外一張打出來的彩票蒙一下不就完了？在物慾橫流的今天，有人為了蠅

頭小利，都可以不擇手段，更別說是百萬鉅款。面對鉅款不爲所動，的的確確難能可貴，的的確確不是每個人都能做得到的。而僅憑一個「信」字，這位小本經營的普通中年婦女卻做到了。

原外經貿部副部長龍永圖同志曾經遇到這樣一件小事，有一次，龍永圖在日內瓦上廁所，聽到隔壁抽水噪音不斷，跑過去一看，原來是馬桶壞了，一個小孩焦急不停地撥弄機泵，看來一定要沖洗乾淨，而不肯一走了之。這樣一個十歲不到的孩子，竟有如此社會責任心，龍永圖十分感動。這是龍永圖在接受中央電視台採訪，介紹WTO談判情況順便談起的。這位致力於進出口物質文明的談判代表，沒有忘記「夾帶」進口一點精神文明，也是耐人尋味的。 1

注1 武振平，《「進口」誠信》，2002年3月5日，《文匯報》。

過去，我們曾經把資本主義社會看成是道德淪喪，無情無義，爾虞我詐，荒淫無恥，但是，就廣大西方人民來說，其「平

均」道德水平，絕不在目前我們初級階段的社會主義社會之下。這也是符合「兩種文化」的科學理念的。而且，由於資本主義的成熟，需要社會道德規範來維護其經濟生活的正常運轉，許多企業家也把信譽看作本企業的生命。試想，一個十歲左右的孩子，能具有如此公德意識，難道不能從中看出家庭、學校、社會的道德教育狀況嗎？在進口西方科學技術、物質文明的同時，進口一點良好的精神文明是可能的。

2003年6月28號，《羊城晚報》刊登一篇小文章，題目很有味道：《早茶埋單，你說多少是多少》。廣東某地一村莊叫獨樹崗，村頭有一小食店，叫德和小食店。這裡的帳務從來不用催繳，有時甚至無人看攤子，客人飯後自動就把錢放入一個大紙箱。50多歲的店老闆蔡德和告訴記者，開店20年來沒人收款，客人都很熟悉了，知道該給多少，九成九的人都埋單，就算有些沒有零錢或是忘記給錢了，第二天也會補上。每個市場趕集日是店裡人氣最旺的時候。這時店內上下兩層，店外60多平方米空地坐滿了人，甚至連店旁的入村大道上也擺上餐桌。但不論人氣多旺，老闆都堅持這種經營方式。由於彼此坦誠相見，村裡村外各行各業的人都來這家小店，很多外地客商把小店戲稱為小村的「交易所」。

小店雖小，其經營之道的內涵義理卻至深且大，這是中國誠信文化的一塊活化石，這裡面充滿了中國文化的原始基因。這是中國誠信的民眾基礎，這是中國再造誠信的希望。

信用產業

孟子曰：「人無恆產，則無恆心。」信用建設的根本問題，說到底是一個產權問題。人們對信用的重視和建設的動力，來自於自己長期收益的穩定預期。如果產權不清，尤其是私有財產得不到依法保護，對長期收益就不可能有一個穩定而明確的預期，今天是我的，明天誰知道是誰的？短期行為，搞一錘子買賣，就成了一些人當然的選擇。

> 世界有個加拿大，中國有個大家拿；
> 誰知到底是誰的，反正不拿白不拿。

一句調侃，戳到的是制度根源上的痛。談信用問題，歎信用缺失，討論信用本質不可回避。產權是指自然人、法人對各類財產的所有權及佔有權、使用權、收益權和處置權等權利，還包括物權、債權、股權和知識產權及其他無形產權等。信用本質事實上是一種產權關係，好的信用關係意味著交易各方對自己的資源有明確的認定，並互相尊重彼此間的權利和維護自己的合法權益。而模糊不清的產權關係容易導致信用缺失以至故意失信行為的出現，類似「反正不拿白不拿」的思想大而化之就是泛濫於市場上的經濟欺詐、惡意逃廢債務。

我們曾經長期確信我們代表著一種前所未有、舉世皆無的最

先進的生產關係，這種信念支撐下的經典舉措，就是執法人員追得賣雞蛋老太太滿街亂跑，因爲老太太佔有了雞屁股這一生產資料。說是「先進」，實則最落後乃至於極反動的生產關係。*1* 雞屁股到底歸誰的小問題沒有最終解決，國家的大問題就出來了：國內資本向海外的大量流失，形形色色的變相侵吞，層出不窮的貪污腐敗，刹不住的三角債和賴帳，乃至假冒僞劣盛行，表面上是管理和道德的問題，也的確有管理不到位和道德失範的成分，實質上大大小小的問題歸根到底最主要的禍根都是產權。信用本質上是一種產權關係。好的信用關係，意味著交易的各方當事人對自己的資源有比較可靠、明晰的權利邊界，「你的就是你的，我的就是我的」，交易當事人能尊重彼此之間的權利。一個人對另一個人進行詐騙，實際上是不尊重、不承認對方的權利。所以，信用制度本質上是產權制度；一套完善的信用制度意味著相對穩定、明晰的產權獲得法律的保障。在這種狀態下，如果有人不守信用，他不可能永遠立於不敗之地。但是，如果一個社會產權不牢靠，權利邊界不穩定，坑蒙拐騙也就談不上什麼合理不合理。借債還錢是信用關係的常例，但在我們這個社會，借債還錢好像是「傻帽兒」，「三角債」普遍存在，到了沒有信心解決的地步，本質上是我們的產權關係太混亂，「到底是誰的」這個簡單問題都長期理不順，產權的不明、責任的缺位，加之人們對私有財產權的種種偏見和模糊認識，大家認爲你的不是你的，而可以是我的；今天是你的，明天就可以是我的。這樣一個狀態，何談信用關係的建立？

注1 國務院發展研究中心技術經濟研究部部長郭勵弘：《正確認識我國「國資」的產權歸屬》。

信用關係混亂，社會經濟活動的交易成本自然提高，成本的提高顯然無益於各種經濟的良性發展。雞屁股是國家的還是養雞老太太的？或者就是雞自己的？產權制度直接決定著收益權，如果收益權歸別人所有，沒有人會為別人的未來利益而犧牲自己的眼前利益。解決這個問題要靠政府依法治國，靠政府提供「秩序」這種公共物品，個人常常無能為力；如果政府不作為，個人就必然要搞機會主義，社會就會亂作一團。誠如中國國務院發展研究中心副主任陳清泰言：

　　在市場經濟中，明晰的產權是追求長遠利益的動力之一，只有追求長遠利益者才會講誠信。對產權主體來說，信用是一種資源，是財富，也是財力。現在發生的很多問題與產權不明晰、不到位有關。目前私企產權是明晰的，但對其保護不夠完全，所以個體戶到了一定規模就有不安全感了，在這種心態下往往會出現一些短期行為。集體企業產權很模糊，誰也說不清。而國有企業的產權似乎很明晰，但責任不到位，出了問題基本上無人負責。由於如上原因，短期行為和不講信用行為是必然要發生的。1

注1　《陳清泰：不講信用已導致巨大社會成本支出》，2003年10月9日，中國新聞社。

「玉米麵當細糧，雞屁股是銀行」，在農村經濟生活相當困難的時期裡，土地、農作工具都是公家的，只有一家一戶幾隻母雞是自己的。人們就在這些雞身上傾注無限希望，細養、細餵，「雞屁股銀行」使多少農民家庭有所喘息，以至於後來有人誇張地說這些「開銀行」的母雞們是「生導彈的中國母雞」。問題的關鍵不在於母雞生蛋的能力，而在於當時的條件下，只有母雞確確實實屬於農戶自己，農民只在母雞身上肯下功夫精心飼養，沒有後顧之憂，不怕今天餵足了飼料，明天雞歸別人了。隨著市場經濟發展，明晰產權的呼聲在民間一年高過一年。確立私有財產的憲法地位，再輔之以違憲審查和憲法解釋機構及憲法法院的建立，所有體制的產權納入憲法保護的範疇，這是突破產權體制的最大動力，也是建立產權收益長期預期的最可靠前提。

2003年末，黨的十六屆三中全會通過《中共中央關於完善社會主義市場經濟體制若干問題的決定》，把產權提到社會信用制度的基礎地位，快刀斬亂麻，一下子切到了產權這一問題的要害。《決定》強調指出：「建立現代產權制度有利於增強企業和公眾創業創新的動力，形成良好的信用基礎和市場秩序」，明確指出了市場混亂的病因，不僅解決了「雞屁股到底歸誰」登不上台面的小問題，還為事關國家經濟發展的不講誠信、市場運行不規範問題，找

出了根本的解決方向。明晰的產權是社會信用制度的基礎，明晰了產權也就明確了權利主體和責任主體，權責的明確有利於規範生產經營行為，形成良好的信用基礎和市場秩序，有利於社會信用制度的建立。中國社會的誠信建設從此有了一個清晰準確的憲法落點。

再造明天

改革開放25年，25年「彈指一揮間」，歷史改變了每一個人。也可以說歷史對社會利益的群體結構作了重組，對所有人的身份重新定位，對社會的價值觀念重新洗牌。這是一個充滿希望的過程，但也是一個痛苦的過程、一個充滿風險和不確定前景的過程。這一過程還遠未結束，自古華山一條路，沒有退路，沒有選擇！

回顧往昔，國家邁上誠信建設的「華山之路」已近十年。20世紀90年代伊始，國務院下發《關於在全國範圍內清理「三角債」工作的通知》，在中國第一次以國務院文件的方式提出了社會信用問題，這是我國社會信用體系建設的萌芽階段。

國務院研究中心研究員李曉西：

20世紀90年代初期，信用建設工程進入起步階段。以信用評價為代表的信用仲介機構，特別是銀行，紛紛引入信用評估等先進管理手段。截至2001年底，全國已經有各類信用擔保機構約360家，覆蓋了全國近30個省、市、自治區的300多個城

市，擁有擔保資金已達100億元。

邁入21世紀，上海、北京、甘肅、浙江、廣東等省市相繼加快社會信用體系建設的實踐步伐。2002年3月，國務院開始啟動企業和個人徵信立法與實施方案的起草工作；其後，財政部、國家經貿委和中國人民銀行聯手進行全國信用擔保機構全面調查，中國人民銀行企業信貸登記諮詢系統將實行全國跨省市聯網，中國工業經濟聯合會大力推動信用工程工作，中國商業聯合會開始組建商業信用中心，工商、證券、保險、稅務、旅遊以及註冊會計師等領域信用體系建設步伐也大大提速。起步於上海、北京、浙江、廣東等地區的政府部門之間信用披露系統互聯互通和信息共用正在由地方向全國發展。

2003年4月，中共中央政治局常委、國務院總理溫家寶在全國整頓和規範市場經濟秩序工作會議上強調：「解決當前經濟秩序中存在的問題，根本要靠深化改革，要健全法制，要營造誠信的社會環境。」

新的時代開始了，新的思想正在形成，國家開展社會誠信宣傳教育的序曲已經奏響。2003年9月25日，新華社電發全國：

從現在起到2008年，國家將在全社會組織開展誠信宣傳教育，以普及信用知識，增強生產經營者的誠信意識和守法意識，增強企業、消費者的信用風險防範意識和自我保護能力，努力建設與社會主義市場經濟相適應的信用體系，形成全民自覺遵紀守法、誠實守信的良好社會風尚和市場經濟秩序。

全國整頓和規範市場經濟秩序領導小組辦公室、中共中央宣傳部、中央精神文明建設指導委員會辦公室、司法部、教育部、中華全國總工會等六部門已共同下發《關於開展社會誠信宣傳教育的工作意見》，根據這一工作意見，國家將重點在經濟生活領域開展社會誠信宣傳教育，到2008年實現以下目標：

誠信意識和遵紀守法觀念在公民中深入人心，社會公德和職業道德的自律機制明顯發揮作用，誠信為榮、失信為恥的觀念在社會生活和經濟交往中為絕大多數公民恪守；各級領導幹部、公務員帶頭嚴格遵諾守信，廉潔公正和依法行政的意識明顯增強，政府機關的公信力顯著提高；大多數企業和交易中的法人、自然人在市場行為中自覺地踐行社會主義道德的誠信原則、公正原則，真正做到誠實守信、貨真價實、公平買賣、童叟無欺，用優質的商品和服務滿足社會需要，把經濟效益和社會效益有機地統一起來；消費者的自我保護意識普遍增強，依法維護自身權益的能力提高，維權的社會環境明顯改善。

為此，國家將在政府公務員中通過培訓、講座等形式增強其法制觀念，在行業協會中通過制訂行規行約提高其自律水平，在仲

介機構中通過制定誠信標準規範其行為，在生產經營性企業中加強商德、商譽宣傳和職業道德的宣傳教育，在學生中加強誠信教育，同時廣泛開展社會教育工作。

中國正處於初步構建信用體系階段，有些門檻是必須要邁的。建立健全信用法律制度；依法公開信用信息、建立社會徵信體系；培育信用仲介機構，規範、監管其服務行為；建立企業信用管理體制。這是建立中國社會信用體系不可繞開的四道門檻。

鄧小平理論和「三個代表」重要思想，正在指引著我們同心同德，與時俱進。時代呼喚我們要深刻反思自身的歷史，為了永恆的誠信理念，我們沒有必要再喚醒沈睡了幾千年的孔老夫子。擁有五千年優良傳統和文明的中華民族，何曾不是由誠信鑄就的？

面對撲面而來的市場經濟大潮，淘盡泥沙見真金，這真金，就是我們再造的明天！

中國誠信報告

作　　　　者	駱漢城 等

發　行　人	林敬彬
主　　　編	楊安瑜
編　　　輯	蔡穎如
美 術 設 計	盧志偉
封 面 設 計	盧志偉

出　　　版	大都會文化事業有限公司 行政院新聞局北市業字第89號
發　　　行	大都會文化事業有限公司
	110台北市基隆路一段432號4樓之9
	讀者服務專線：(02)27235216
	讀者服務傳真：(02)27235220
	電子郵件信箱：metro@ms21.hinet.net

郵 政 劃 撥	14050529 大都會文化事業有限公司
出 版 日 期	2005年11月初版一刷
定　　　價	250元

I　S　B　N	986-7651-53-7
書　　　號	Focus-001

Metropolitan Culture Enterprise Co., Ltd.
4F-9, Double Hero Bldg., 432, Keelung Rd., Sec. 1,
Taipei 110, Taiwan
Tel:+886-2-2723-5216　　Fax:+886-2-2723-5220
E-mail:metro@ms21.hinet.net
Web-site:www.metrobook.com.tw

◎本書圖片由中國中央電視台提供
◎本書由江蘇文藝出版社授權繁體字版之出版發行

國家圖書館出版品預行編目資料

中國誠信報告/駱漢城 等著 --初版.--臺北市:
　大都會文化, 2005(民94)
　　　面; 公分.- -(Focus ; 1)
　ISBN 986-7651-53-7(平裝)

　1. 商業 - 中國大陸　2. 地方政府 - 中國大陸

　491.2　　　　　　　　　94018416

大都會文化圖書目錄

●度小月系列

路邊攤賺大錢【搶錢篇】	280元	路邊攤賺大錢 2 【奇蹟篇】	280元
路邊攤賺大錢 3【致富篇】	280元	路邊攤賺大錢 4 【飾品配件篇】	280元
路邊攤賺大錢 5【清涼美食篇】	280元	路邊攤賺大錢 6 【異國美食篇】	280元
路邊攤賺大錢 7【元氣早餐篇】	280元	路邊攤賺大錢 8 【養生進補篇】	280元
路邊攤賺大錢 9【加盟篇】	280元	路邊攤賺大錢 10【中部搶錢篇】	280元
路邊攤賺大錢 11【賺翻篇】	280元		

●DIY系列

路邊攤美食 DIY	220元	嚴選台灣小吃 DIY	220元
路邊攤超人氣小吃 DIY	220元	路邊攤紅不讓美食 DIY	220元
路邊攤流行冰品 DIY	220元		

●流行瘋系列

跟著偶像 FUN 韓假	260元	女人百分百—男人心中的最愛	180元
哈利波特魔法學院	160元	韓式愛美大作戰	240元
下一個偶像就是你	180元	芙蓉美人泡澡術	220元

●生活大師系列

遠離過敏 —打造健康的居家環境	280元	這樣泡澡最健康 —紓壓‧排毒‧瘦身三部曲	220元
兩岸用語快譯通	220元	台灣珍奇廟—發財開運祈福路	280元
魅力野溪溫泉大發見	260元	寵愛你的肌膚—從手工香皂開始	260元
舞動燭光—手工蠟燭的綺麗世界	280元	空間也需要好味道 —打造天然香氛的 68 個妙招	260元
雞尾酒的微醺世界 —手工蠟燭的綺麗世界	250元	野外泡湯趣 —魅力野溪溫泉大發見	260元

●寵物當家系列

Smart 養狗寶典	380元	Smart養貓寶典	380元
貓咪玩具魔法 DIY —讓牠快樂起舞的55種方法	220元	愛犬造型魔法書 —讓你的寶貝漂亮一下	260元
漂亮寶貝在你家 —寵物流行精品 DIY	220元	我的陽光‧我的寶貝 —寵物真情物語	220元
我家有隻麝香豬—養豬完全攻略	220元		

●心靈特區系列

每一片刻都是重生	220元	給大腦洗個澡	220元
成功方與圓—改變一生的處世智慧	220元	轉個彎路更寬	199元
課本上學不到的 33條人生經驗	149元	絕對管用的38 條職場致勝法則	149元
從窮人進化到富人的29條處世智慧	149元		

●人物誌系列

現代灰姑娘	199元	黛安娜傳	360元
船上的365天	360元	優雅與狂野—威廉王子	260元
走出城堡的王子	160元	殞逝的英格蘭玫瑰	260元
貝克漢與維多利亞 —新皇族的真實人生	280元	幸運的孩子—布希王朝的真實故事	250元
瑪丹娜—流行天后的真實畫像	280元	紅塵歲月—三毛的生命戀歌	250元
風華再現—金庸傳	260元	俠骨柔情—古龍的今生今世	250元
她從海上來—張愛玲情愛傳奇	250元	從間諜到總統—普丁傳奇	250元
脫下斗蓬的哈利 —丹尼爾·雷德克利夫	220元		

●都會健康館系列

秋養生—二十四節氣養生經	220元	春養生—二十四節氣養生經	220元
夏養生—二十四節氣養生經	220元	冬養生—二十四節氣養生經	220元

●SUCCESS系列

七大狂銷戰略	220元	打造一整年的好業績 店面經營的72堂課	200元
超級記憶術—改變一生的學習方式	199元	管理的鋼盔 —商戰存活與突圍的25個必勝錦囊	200元
搞什麼行銷 152個商戰關鍵報告	220元	精明人聰明人明白人 態度決定你的成敗	200元
人脈=錢脈 —改變一生的人際關係經營術	180元	週一清晨的領導課	160元
搶救貧窮大作戰的48條絕對法則	220元	搜驚·搜精·搜金 —從 Google的致富傳奇中 你學到了什麼？	199元

●CHOICE系列

入侵鹿耳門	280元	蒲公英與我—聽我說說畫	220元
入侵鹿耳門（新版）	199元	舊時月色（上輯＋下輯）	各 180元

●FORTH系列

印度流浪記—滌盡塵俗的心之旅	220元	胡同面孔—古都北京的人文旅行地圖	280元
尋訪失落的香格里拉	240元		

●FOCUS系列

中國誠信報告	250元		

●禮物書系列			
印象花園 梵谷	160元	印象花園 莫內	160元
印象花園 高更	160元	印象花園 竇加	160元
印象花園 雷諾瓦	160元	印象花園 大衛	160元
印象花園 畢卡索	160元	印象花園 達文西	160元
印象花園 米開朗基羅	160元	印象花園 拉斐爾	160元
印象花園 林布蘭特	160元	印象花園 米勒	160元
絮語說相思 情有獨鍾	200元		
●工商管理系列			
二十一世紀新工作浪潮	200元	化危機為轉機	200元
美術工作者設計生涯轉轉彎	200元	攝影工作者快門生涯轉轉彎	200元
企劃工作者動腦生涯轉轉彎	220元	電腦工作者滑鼠生涯轉轉彎	200元
打開視窗說亮話	200元	文字工作者撰錢生活轉轉彎	220元
挑戰極限	320元	30分鐘行動管理百科（九本盒裝套書）	799元
30分鐘教你自我腦內革命	110元	30分鐘教你樹立優質形象	110元
30分鐘教你錢多事少離家近	110元	30分鐘教你創造自我價值	110元
30分鐘教你Smart解決難題	110元	30分鐘教你如何激勵部屬	110元
30分鐘教你掌握優勢談判	110元	30分鐘教你如何快速致富	110元
30分鐘教你提昇溝通技巧	110元		
●精緻生活系列			
女人窺心事	120元	另類費洛蒙	180元
花落	180元		
●CITY MALL系列			
別懷疑！我就是馬克大夫	200元	愛情詭話	170元
唉呀！真尷尬	200元	就是要賴在演藝圈	180元
●親子教養系列			
孩童完全自救寶盒（五書+五卡+四卷錄影帶）		3,490元（特價2,490元）	
孩童完全自救手冊—這時候你該怎麼辦（合訂本）		299元	
我家小孩愛看書—Happy學習easy go！		220元	
●新觀念美語			
NEC新觀念美語教室12,450元（八本書+48卷卡帶）			

您可以採用下列簡便的訂購方式：

◎請向全國鄰近之各大書局或上大都會文化網站www.metrobook.com.tw選購。

◎劃撥訂購：請直接至郵局劃撥付款。

　帳號：14050529

　戶名：大都會文化事業有限公司

　（請於劃撥單背面通訊欄註明欲購書名及數量）

大都會文化事業有限公司

讀 者 服 務 部 　 　 收

110台北市基隆路一段432號4樓之9

大都會文化　讀者服務卡

書名：**中國誠信報告**

謝謝您選擇了這本書！期待您的支持與建議，讓我們能有更多聯繫與互動的機會。
日後您將可不定期收到本公司的新書資訊及特惠活動訊息。

A. 您在何時購得本書：＿＿＿＿年＿＿＿＿月＿＿＿＿日

B. 您在何處購得本書：＿＿＿＿＿＿＿書店，位於＿＿＿＿＿＿＿(市、縣)

C. 您從哪裡得知本書的消息：
　　1.□書店　2.□報章雜誌　3.□電台活動　4.□網路資訊
　　5.□書籤宣傳品等　6.□親友介紹　7.□書評　8.□其他

D. 您購買本書的動機：（可複選）
　　1.□對主題或內容感興趣　2.□工作需要　3.□生活需要
　　4.□自我進修　5.□內容為流行熱門話題　6.□其他

E. 您最喜歡本書的：（可複選）
　　1.□內容題材　2.□字體大小　3.□翻譯文筆　4.□封面　5.□編排方式　6.□其他

F. 您認為本書的封面：1.□非常出色　2.□普通　3.□毫不起眼　4.□其他

G. 您認為本書的編排：1.□非常出色　2.□普通　3.□毫不起眼　4.□其他

H. 您通常以哪些方式購書：(可複選)
　　1.□逛書店　2.□書展　3.□劃撥郵購　4.□團體訂購　5.□網路購書　6.□其他

I. 您希望我們出版哪類書籍：（可複選）
　　1.□旅遊　2.□流行文化　3.□生活休閒　4.□美容保養　5.□散文小品
　　6.□科學新知　7.□藝術音樂　8.□致富理財　9.□工商企管　10.□科幻推理
　　11.□史哲類　12.□勵志傳記　13.□電影小說　14.□語言學習（＿＿＿語）
　　15.□幽默諧趣　16.□其他

J. 您對本書(系)的建議：

K. 您對本出版社的建議：

讀者小檔案
姓名：＿＿＿＿＿＿＿＿性別：□男　□女　生日：＿＿＿年＿＿＿月＿＿＿日
年齡：1.□20歲以下 2.□21—30歲 3.□31—50歲 4.□51歲以上
職業：1.□學生 2.□軍公教 3.□大眾傳播 4.□服務業 5.□金融業 6.□製造業
　　　7.□資訊業 8.□自由業 9.□家管 10.□退休 11.□其他
學歷：□國小或以下 □國中 □高中／高職 □大學／大專 □研究所以上
通訊地址：＿＿＿＿＿＿＿＿＿＿＿＿＿＿＿＿＿＿＿＿＿＿＿＿
電話：（H）＿＿＿＿＿＿＿＿（O）＿＿＿＿＿＿＿傳真：＿＿＿＿＿＿＿
行動電話：＿＿＿＿＿＿＿＿　E-Mail：＿＿＿＿＿＿＿＿＿＿＿＿＿

◎謝謝您購買本書，也歡迎您加入我們的會員，請上大都會文化網站 www.metrobook.com.tw 登錄您
　的資料，您將會不定期收到最新圖書優惠資訊及電子報。

大都會文化
METROPOLITAN CULTURE